石油石化实用添加剂丛书

增塑剂生产及应用知识问答

朱洪法　主编

U0225919

石油工业出版社

内 容 提 要

本书以问答形式介绍了增塑剂生产及应用方面的相关知识。全书分为十八个类别,分别介绍了增塑剂基本知识、增塑剂的分析测试、各种类别的增塑剂产品。重点介绍了常用增塑剂的分子结构、物化性质、用途及简要制法。

本书可供从事塑料、橡胶、涂料、胶黏剂及助剂等行业的科研、生产、营销、管理等方面人员使用,也可供高等院校相关专业师生参考阅读。

图书在版编目(CIP)数据

增塑剂生产及应用知识问答/朱洪法主编. —北京:
石油工业出版社,2022.2
(石油石化实用添加剂丛书)
ISBN 978-7-5183-4896-1

Ⅰ. ①增… Ⅱ. ①朱… Ⅲ. ①增塑剂-化工生产-问题解答②增塑剂-使用方法-问题解答 Ⅳ.
①TQ414-44

中国版本图书馆 CIP 数据核字(2021)第 196890 号

出版发行:石油工业出版社
(北京安定门外安华里 2 区 1 号楼   100011)
网   址:www.petropub.com
编辑部:(010)64523546   图书营销中心:(010)64523633
经   销:全国新华书店
印   刷:北京晨旭印刷厂

2022 年 2 月第 1 版   2022 年 2 月第 1 次印刷
787×1092 毫米   开本:1/16   印张:11.5
字数:272 千字

定价:70.00 元
(如出现印装质量问题,我社图书营销中心负责调换)

前　　言

　　增塑剂是加入树脂、橡胶等聚合物中能改善它们的可塑性、柔软性及加工性能的一类物质。聚合物中加入增塑剂可以降低熔体黏度、玻璃化转变温度和产品的弹性模量，而不改变被增塑材料的基本特性。目前，增塑剂已成为产量最大的一类化学助剂，广泛用于塑料、橡胶、胶黏剂、涂料等行业，用增塑剂增塑的制品已涵盖化工、建筑、汽车、交通、航空、电缆、电器、纤维、农业、医疗医药、人造革、儿童玩具、食品、化妆品等行业，增塑剂也成为与人类生活密切相关的一类化工产品。

　　本书以问答形式介绍了增塑剂生产及应用方面的相关知识。全书分为十八个类别，分别介绍了增塑剂基本知识、增塑剂的分析测试、苯二甲酸酯类增塑剂、脂肪酸二元酸酯类增塑剂、磷酸酯类增塑剂、多元醇酯类增塑剂、环氧化类增塑剂、聚酯类增塑剂、含卤增塑剂、柠檬酸酯类增塑剂及橡胶加工用增塑剂等。

　　全书主要由朱洪法编写而成，参加本书编写的还有朱玉霞、王翠红、朱剑青等同志。

　　由于增塑剂类型及品种很多，涉及使用的行业很广，书中不妥之处在所难免，敬请读者批评指正。

目　　录

一、增塑剂基础知识

1. 什么是增塑剂?

增塑剂(plasticizer)又称塑化剂,是指加入聚合物(树脂、橡胶、弹性体等)中,能降低聚合物软化温度范围、增加加工成型时的可塑性和流动性,并使成品具有柔韧性的有机物质。通常是一种难挥发的黏稠性液体或容易熔化的固体。它是塑料和橡胶工业中十分重要的加工助剂,广泛用于生产各种类型的制品,并以产量高、消费量大而在化工产品中占有重要地位。

增塑剂有 90% 左右用于聚氯乙烯树脂的加工,其他近 10% 用于合成橡胶、聚偏氯乙烯、氯化聚乙烯、聚乙酸乙烯酯、硝酸纤维素、乙酸纤维素、ABS 树脂、SBS 树脂、聚乙烯醇树脂、涂料及胶黏剂等的加工。

2. 增塑作用的基本原理是什么?

通过向聚合物中加入增塑剂的方式来削弱高分子间的作用力,以增加其柔曲性和可加工性的作用称为增塑作用。一般在增塑剂的分子结构中都含有极性部分(如酯基)和非极性部分(如分子链较长的烷基),当它们与聚氯乙烯之类极性高分子在高温下相混时,增塑剂分子交互于聚合物分子链之间,通过极性部分相互吸引形成均一稳定的体系,即使温度下降,增塑剂分子也能留在聚合物分子链之间,而它较长的非极性烷基部分起阻挡聚合物分子链相互接近的作用,从而减弱高分子间的相互作用,从而使聚合物柔软而富于塑性,并降低大分子的内聚力、玻璃化温度、熔体黏度和弹性模量等。

3. 为什么说现代增塑剂工业的发展与聚氯乙烯的发展密切相关?

增塑技术的应用由来已久,如皮革用鲸油使之柔软,沥青加油用来防水和填补船缝,硝酸纤维素加焦油制作屋顶材料,在这些制品中,所加入的鲸油、油、焦油等即起到了增塑作用。而现代增塑剂的真正快速发展则与聚氯乙烯工业的快速发展有关。

有许多常用塑料,特别是聚氯乙烯,具有高于室温的玻璃化转变温度(T_g),在玻璃化转变温度以下,聚合物处于玻璃样的脆性状态,表现出既刚且硬的特点;在此温度以上,它们就呈现出较大的回弹性、柔软性和橡胶特性。为了最大限度地利用这些塑料,包括纤维素塑料、乙烯基塑料及丙烯酸类塑料等,就必须使它们的玻璃化转变温度降到使用温度以下。如没有增塑的聚氯乙烯的玻璃化转变温度大约是 80℃,而加有足够量增塑剂的软质聚氯乙烯的玻璃化转变温度可降至 0℃以下。

聚氯乙烯具有良好的耐候性、阻燃性,可用于门窗、地板、管材、汽车内饰件等,但在早期，由于聚氯乙烯的加工性较差和缺少有效的增塑剂、稳定剂等加工助剂，聚氯乙烯的发展受阻。随着增塑化聚氯乙烯的出现，以及多种增塑剂的应用，聚氯乙烯的生产及应用得到巨大发展，使其成为世界主要塑料之一，其产量是仅次于聚丙烯的世界第二大塑料品种。在 2003 年，世界增塑剂市场产量超过 $460×10^4t$，截至 2020 年底，世界增塑剂年产量已达 $500×10^4t$。其中大约 90% 用于增塑聚氯乙烯领域。可见，现代增塑剂工业的发展是与聚氯乙烯工业密切相关而又相互促进的结果。

4. 增塑剂是怎样分类的？

增塑剂品种繁多，分类方法很多，主要有以下几种：

（1）按与聚合物相容性不同，分为主增塑剂、辅助增塑剂和增量剂。

（2）按添加方式不同，分为内增塑剂与外增塑剂。

（3）按应用性或功能性不同，分为耐热性、耐寒性、耐燃性、抗静电性、耐候性、防霉性、防潮性等。

（4）按分子结构不同，分为单体型和聚合型，增塑剂很大部分是单体型。

（5）按化学结构不同，分为苯二甲酸酯、脂肪族二元酸酯、磷酸酯、柠檬酸酯、氯代烷烃、环氧化合物、苯多羧酸酯、聚酯、磺酰胺类、反应性增塑剂、环保型增塑剂、其他增塑剂等。

在以上各种分类法中，以按化学结构分类最为常用。

5. 增塑剂有哪些工艺功能？

增塑剂是能提高聚合物塑性的一类物质，其工艺功能主要有：降低聚合物的玻璃化转变温度；改变聚合物的结构形态，使被增塑的物质柔软；增大聚合物的韧性，改善耐冲击性及低温性能；降低聚合物的拉伸强度，增大聚合物的伸长率；改善聚合物的流变性，降低聚合物黏度，改善聚合物与其配合物的加工性；降低熔融温度及凝胶温度，缩短混料时间，降低挤出压力；改善制品的挥发性，降低制品的喷霜及结晶性；改善制品内低分子量物质向表面的迁移性；增加或降低制品的导电性或绝缘性；提高制品的光泽及透明度等。因聚合物性质不同，所用增塑剂不同，其产生的作用也各不相同。

例如，聚氯乙烯制品有硬质、半硬质和软质之分。硬质制品一般是不加或加入 5 份以下增塑剂，半硬制品加入 6~25 份增塑剂，软质制品加入 26~60 份增塑剂，糊制品多为加入 60~100 份增塑剂。聚氯乙烯树脂中加入增塑剂后，制品性能和加工性能发生的变化有：(1)使树脂玻璃化转变温度和黏流转变温度降低，便于成型，制品也变得柔软而富于弹性；(2)可使制品的刚性指标下降，如硬度、拉伸强度、撕裂强度等，而韧性指标上升，如伸长率、冲击韧性等；(3)树脂与增塑剂混溶后，使树脂膨胀湿润，有利于成型加工；(4)使塑料密度减小，耐低温性提高，吸水性增大，耐热性降低。

纤维素类聚合物加入增塑剂后，可降低加工温度，改进拉伸性能，增强柔软性、抗撕裂性及光和热的稳定性。

聚苯乙烯是具有良好刚性、较低拉伸强度的硬性聚合物，加入适量增塑剂可使聚苯乙烯变软并提高流动性。有时在聚苯乙烯单体中加入少量增塑剂，可以防止本体聚合的聚苯乙烯制品产生裂缝。

氟塑料有许多突出的性能，但它的加工性能差，不能采用通常的挤出或注塑等成型加工工艺，但在聚四氟乙烯细粉中加入适量石脑油类增塑剂制成糊状后，就可挤压成有一定形状的制品。

酚醛树脂耐热、耐酸但性脆，加入增塑剂增塑后可使制品有弹性，降低脆性；环氧树脂耐酸、耐碱也耐热，但也较脆，加入增塑剂也可提高其韧性。

天然橡胶或合成橡胶硫化前称为生胶或弹性体，生胶必须经过硫化使之成为硫化胶，才能成为有使用价值的制品。但为制得符合有实用要求的制品，在橡胶加工过程中，必须在生胶的基础上加入各种配合剂(如补强剂、防老剂、促进剂、抗臭氧剂、填充剂等)，但所有这些助剂，只有加入增塑剂时，才能使加工变得容易。增塑剂能提高胶料的可塑性，有利于橡胶大分子活动，提高配合剂在胶料中的混合分散性，降低胶料黏度，使胶料易于成型，制得柔软、断裂伸长率高、低温性能好的制品。

涂料树脂中加入增塑剂后，可以提高涂膜的柔韧性、增强附着力、克服涂膜脆硬易裂的缺点，并改善涂料的配制工艺性能。

6. 增塑剂的增塑机理是什么?

增塑剂对聚合物的增塑作用主要在于削弱聚合物分子间的作用力，从而降低玻璃化转变温度、软化温度、熔融温度，减少熔体的黏度，增加其流动性，改善聚合物的加工性和制品的柔韧性。虽然增塑剂的应用由来已久，但有关增塑剂的增塑机理虽然也提出了不少说法，但至今尚无统一的理论。一般认为没有增塑的聚合物分子链间存在范德华力、偶极吸力等的作用，作用力的大小取决于聚合物分子链中各基团的性质，具有强极性基团的分子间作用力大，而具有非极性基团的分子间作用力小，一些聚合物的极性按下列程序升高：聚乙烯<聚丙烯<聚苯乙烯<聚氯乙烯<聚乙酸乙烯酯<聚乙烯醇。因此，如要使具有强极性基团的聚合物易于挤出或压延等成型时，则需降低分子间的作用力，这可借助于升高温度或加入增塑剂来达到。如升高温度，使分子运动速度增加，以减弱其间的作用力，从而改善加工性能，但对热敏性的聚氯乙烯等聚合物，温度过高会引起热分解，而需借助于增塑剂来改善流动性。加入增塑剂后，增塑剂的极性基团与聚合物分子的极性基团偶合，破坏原来聚合物分子间的极性连接，从而削弱其作用力。而增塑剂的非极性部分遮蔽聚合物的极性基，使相邻聚合物分子的极性基不发生作用。

对于非极性增塑剂加入非极性聚合物时产生的增塑作用是借助增塑剂—聚合物间的溶剂化作用，增塑剂介于大分子之间，增大其间的距离，从而削弱分子间的作用。许多实验数据指出，非极性增塑剂对非极性聚合物的玻璃化转变温度(T_g)降低的数值与增塑剂的用量成正比，用量越大，隔离作用也越大，T_g降低越多。由于增塑剂是小分子，其活动较大分子容易，分子链在其中做热运动也较容易，故聚合物的黏度降低，柔韧性等增加。

除了上述对增塑机理所做解释外，关于增塑剂的增塑机理，现行的说法还有润滑性理论、凝胶理论及自由体积理论等。

7. 什么是润滑性理论？

这一理论认为，聚合物分子间有摩擦作用，增塑剂在聚合物中的作用就像油在两个移动的物体之间起到的润滑剂作用一样，能促进加工时聚合物大分子之间的相互移动。也即增塑剂产生了内部润滑性，降低了聚合分子的界面能，减少了内部的抗形变，克服了聚合物分子之间直接相互摩擦和因范德华力、氢键、结晶等作用所产生的黏附力。

8. 什么是凝胶理论？

在化学上凝胶是指经化学交联而成的不溶、不熔性网状结构的物质。在聚合物中，凝胶则是沿聚合物分子链在一定间隔上的树脂大分子间有结合程度不一的连接上所形成。凝胶理论认为，未增塑树脂的抗变形能力(具有硬度)是由于树脂内部的凝胶所致。加入增塑剂所起的作用是把聚合物分子链间许多连接点隔断，同时将聚合物分子聚集在一起的作用力中心遮蔽起来。这些作用力有范德华力、氢键、伦敦力(色散力)、德拜力、结晶或主价力。这就使得一些增塑剂分子可以把聚合物分子链上的连接点的中心有选择性地溶剂化，其结果变成聚合物分子链上只有较少的连接点，而另一些增塑剂分子虽然并未向聚合物分子集合，但可以使凝胶溶胀，促使聚合物分子相互移动，提高聚合物的柔韧性。

凝胶理论较适用于增塑剂用量很大的场合，如经增塑的聚氯乙烯，可制成柔软而富有弹性的制品。

9. 什么是自由体积理论？

自由体积理论是基于分子运动的一种理论，用于解释与玻璃化转变相联系的许多现象。

自由体积是聚合物内部可用空间的一种量度。随着自由体积的增加，有更多的空间或自由体积提供给聚合物分子或聚合物链段运动。聚合物在玻璃态时，分子堆积紧密，但堆积不是很好，这时聚合物内自由体积较少，聚合物分子彼此不能很轻易地移动，表现出聚合物既刚又硬的特点。当聚合物被加热到玻璃化转变温度(T_g)以上时，热能和分子运动增加产生更多的自由体积，可以使聚合物分子能快速地移动，从而使聚合物体系具有更多的弹性和橡胶特性，因此可以通过聚合物主链改性来增大自由体积，如增加侧链或端基。而当加入小分子物质(如增塑剂)时，除了可增加自由体积和使聚合物变软及具有橡胶弹性外，还可通过分隔聚合物分子降低T_g，聚合物分子因此可以彼此迅速地移动。如果增塑剂均匀地混入聚合物中，它的行为将类似于未固化的橡胶，压缩形变很高。

自由体积理论是由结晶、玻璃态和液体性质发展起来的。因为增塑剂的主要作用是降低T_g，因此该理论的应用大多依赖于T_g的研究，需要大量的数据推算及实验来证实其可靠性。

自由体积理论认为，增塑剂一般比聚合物分子要小，有较大的自由体积，可增大聚合物末端基的比例，从而解释增塑剂的加入可降低聚合物玻璃化转变温度。然而，该理论的一个缺陷是无法解释树脂在增塑剂加入量较低时发生的反增塑作用。

10. 反增塑作用是怎样发生的？

反增塑作用是指能降低聚合物的玻璃化转变温度和流动温度并提高聚合物的流动性，但因抑制了聚合物中小于链段的运动单元的运动，从而使聚合物在玻璃态的刚性和脆性反而有所增高的作用。例如，用加热或冷却的方法将少量增塑剂加入聚合物后，就会产生更多的自由体积，并增加大分子移动的机会，无定形物质中的大量流体部分可生成新的结晶，使得许多树脂变得有序列，而且排列得很紧密。这时，因为只有少量增塑剂分子被各种力(包括氢键)与树脂连接，就像被固定了似的，从而使少量的聚合物分子的自由移动受到限制，结果使得聚合物树脂比原来变得更硬，拉伸强度和模量都增大，耐冲击性能则变坏，伸长率减小，这就是少量增塑剂加入所起的反增塑作用。反增塑作用在不同种类的聚合物中，如聚碳酸酯、聚甲基丙烯酸甲酯、尼龙66等都可能发生，这些聚合物有的是无定形的，有的则是高度结晶的。

11. 反增塑剂在结构上有什么特点？

反增塑剂是具有反增塑作用的物质，其结构特点是两个或多个芳环紧连在一起，有极性和较高的刚性。这类物质有氯化联苯、氯化三联苯、聚(苯基乙二醇)等。例如，在聚碳酸酯中加入20%这些物质，就可得到坚硬、刚韧、透明，以及自熄性、电性能和抗应力开裂性能都较好的制品。低浓度的二甲基二氨基联苯对聚氯乙烯树脂也能产生类似的作用。

12. 什么是内增塑及内增塑剂？

如果用化学方法，在聚合物分子链上引入其他取代基，或在分子链上或分子链中引入短的链段，从而降低了大分子间的吸引力，达到使刚性分子链变软和易于活动的目的，这种增塑就称为内增塑。对于某些聚合物，内增塑可通过共聚、接枝、嵌段等方法来实现。如聚合时能参与共聚，并能起增塑作用的单体，像乙酸乙烯酯、丙烯酸长链醇酯等可用作内增塑剂。

内增塑剂的应用不如外增塑剂广，这是因为内增塑剂必须在聚合或接枝等过程中加入，而且使用温度较窄。但内增塑可以避免增塑剂产生离析现象，如唱片之类的产品对尺寸稳定性要求很高，如有少量增塑剂发生析出也会影响产品质量。因此，唱片制造时采用氯乙烯与乙酸乙烯酯的共聚体为原料，以柔性的乙酸乙烯酯改进聚氯乙烯的刚性，而不采用外加增塑剂的方法来软化聚氯乙烯。

13. 什么是外增塑及外增塑剂？

与内增塑相反，外增塑不是在聚合过程中加入共聚单体起增塑作用，而是将增塑剂外加入树脂或配料中，使高分子链间力降低而起到增塑作用。因此，外增塑剂是通过物理混合方法加入聚合物中的一种增塑剂，通常是高沸点、较难挥发的有机液体或低熔点固体，多数是酯类有机化合物，绝大部分与聚合物不起反应，在温度升高时和聚合物的作用主要是溶胀作用，与聚合物形成一种固溶体。外增塑剂的性能较全面，生产及使用也方便，应用范围较广。平常所说的增塑剂主要是指外增塑剂。使用外增塑剂的主要缺点是在一定条件下聚合物中的增塑剂会发生迁移或抽提出来。

14. 主增塑剂与辅助增塑剂在作用上有什么区别？

凡是能与聚合物在合理范围内完全相容的增塑剂(一般在质量比率达1∶1混合时不析出)称为主增塑剂。主增塑剂不仅能进入聚合物分子链的无定形区，也能插入分子链的结晶区，因而不会发生渗出而形成液膜或液滴，也不会发生喷霜而形成表面结晶，而且主增塑剂可以单独使用。

辅助增塑剂也称次增塑剂，是与聚合物相容性较差的增塑剂，其分子只能进入聚合物的无定形区，而不能进入结晶区。辅助增塑剂一般只能与主增塑剂混合使用，以代替部分主增塑剂，单独使用辅助增塑剂就会使加工制品产生渗出或喷霜。但主增塑剂与辅助增塑剂的作用也是相对的，只是在聚合物确定后才有意义，也取决于所用浓度和环境的不同，例如，对于聚氯乙烯而言，邻苯二甲酸酯类均为主增塑剂，而脂肪酸酯类则为辅助增塑剂。

15. 单体型增塑剂和聚合型增塑剂有什么区别？

单体型增塑剂和聚合型增塑剂是按其分子量大小不同区分的。单体型增塑剂是分子量较低的简单化合物，一般有明确的结构和分子量，分子量一般在200～500之间，如邻苯二甲酸酯类是最典型的单体型增塑剂；聚合型增塑剂是通过聚合反应获得的分子量较高的一些线型聚合物，平均分子量在1000以上，如聚氨酯、聚酯等。与聚合型增塑剂相比，单体型增塑剂的增塑效率较高，但耐热性、耐挥发性及耐迁移性不如聚合型增塑剂。

16. 什么是增量(增塑)剂？

增量(增塑)剂又称作充增塑剂，它与树脂相容性很差，质量相容比例低于1∶20(增塑剂∶树脂)，但其与主增塑剂或辅助增塑剂有良好的相容性。增量(增塑)剂不能单独使用，也不能大量添加，通常是与主增塑剂配合使用，使用这类增塑剂获得的增塑效率是有限的，但有改善某些性能、降低成本的作用，常用的有氯化石蜡等。

17. 什么是溶剂型增塑剂及非溶剂型增塑剂？

溶剂型增塑剂与非溶剂型增塑剂的区别在于两者对聚合物的溶解性能不同，前者对树脂有较强的溶剂化作用，可溶解一部分树脂；后者对树脂的溶剂化作用很小，不能溶解聚合物，只能起溶胀作用。

18. 什么是通用型增塑剂与特殊型增塑剂？

通用型增塑剂也称作普通增塑剂，是指仅有增塑性能的增塑剂，如邻苯二甲酸酯类增塑剂，它可以提供聚氯乙烯的柔软性，同时以最低的成本实现最好性能的平衡；特殊型增塑剂或称特殊性能增塑剂，它除了具有增塑作用外，还具有耐热、耐寒、阻燃、低扩散、高稳定性等特殊性能，这类增塑剂有偏苯三酸酯类、脂肪族二元酸酯类、磷酸酯类、环氧类及聚酯类增塑剂等。如环氧类增塑剂具有与分子结构相符合的增塑作用，同时又具有提高聚合物热稳定性的特性。

19. 什么是反应性增塑剂？有什么作用？

反应性增塑剂又称可聚合增塑剂、可硫化增塑剂。这类增塑剂分子中含有可反应的活性基团，在加入树脂或聚合物时，可与树脂以化学键结合到树脂分子上，或以聚合物分子相互交联形成团状结构，或在一定条件下本身会自行聚合并与树脂缠结在一起，最后形成统一的整体，从而使树脂改性，由于这类增塑剂可以改善制品的性能，因而也称作增塑作用的改性剂。

反应性增塑剂主要用作内增塑剂，作为一种共聚单体，使合成树脂改性，增加塑性，所得的共聚体可用作表面涂覆剂、纤维及薄膜的处理剂、黏结剂及离子交换树脂等。

利用反应性增塑剂，按照增塑糊技术可制成半硬质制品，如利用离心浇注可制得服装模特模型；利用模压成型可制成冰箱托盘、食品沥水筐；利用反应性增塑剂制成的涂料，涂覆于钢材、建材、纸张等材料，可产生较好的耐磨损性和抗污染性。

20. 什么是增塑糊？有什么用途？

把数微米以下粒径微细粉末状树脂，即糊状树脂分散在增塑剂中制成的糊状物称作增塑糊。由于树脂的粒度细小，总表面积增大，因而吸引增塑剂的量增大。如聚氯乙烯增塑糊是将微细聚氯乙烯树脂(粒径为 $1 \sim 2 \mu m$)悬浮在液态增塑剂中所形成的糊状配混料。将糊粒涂在基材上，注入模具内或喷在其他材料表面，可制成品种繁多的涂布制品或模塑制品。用增塑糊作涂料时，常在其中加入溶剂以降低黏度。这种混合糊称作稀释增塑糊，所加溶剂在塑化时可蒸发除去。

此外，在常温时，增塑剂几乎不溶解树脂，加热时成为树脂的溶剂，也称作增塑糊。加热到适当温度，树脂在增塑剂中完全溶解成为均质的塑性物质，经冷却就成为柔软的固体。

21. 什么是聚氯乙烯增塑糊？

聚氯乙烯增塑糊又称聚氯乙烯糊、PVC 增塑糊、PVC 溶胶，是聚氯乙烯糊树脂同增塑剂混合后经搅拌形成稳定的悬浮液。通常情况下，聚氯乙烯增塑糊中的增塑剂质量分数为 35% ~ 75%。在制糊过程中，根据不同的制品需要，添加各种填料、稀释剂、热稳定剂、发泡剂及光稳定剂等。影响聚氯乙烯增塑糊性能的主要因素是树脂的初级粒子大小及其分布，因为聚氯乙烯糊树脂分布在其中会很快崩解成初级粒子，如果初级粒子过大，将会发生粒子沉降，也就不能获得稳定的增塑糊。此外，影响糊性能的因素还有增塑剂本身的性质及黏度，以及聚合前后加入的乳化剂和加入增塑糊中的其他助剂。

22. 聚氯乙烯增塑糊有哪些类型？

聚氯乙烯增塑糊是工业上应用最广的糊料，这种糊料通常分为以下 4 种类型：

(1) PVC 增塑糊。其是由聚氯乙烯糊树脂(均聚物)加入增塑剂，经充分剪切混合后，形成均匀稳定的悬浮黏稠混合液，其液相只含增塑剂。

（2）PVC 稀释糊。其是由聚氯乙烯糊树脂（均聚物）加入增塑剂和稀释剂，经充分剪切混合后，形成均匀稳定的稀释悬浮液，其液相是由增塑剂和稀释剂所组成。

（3）PVC 胶凝糊。其是由聚氯乙烯糊树脂加入增塑剂和胶凝剂，经充分剪切混合后，形成均匀稳定的悬浮液，其液相只有增塑剂，达到适宜的致流值。

（4）PVC 稀释胶凝糊。其是由聚氯乙烯树脂加增塑剂、稀释剂和胶凝剂，经充分剪切混合后，形成稳定悬浮液，达到适宜的致流值。液相由增塑剂和稀释剂所组成。

将 PVC 糊料制成固形制品，只需加热即可，是 PVC 制品加工方法中最简单的一种方法。

23. 为什么说相容性是衡量增塑剂好坏的重要指标?

相容性是指两种或两种以上相互有亲和性的物质，形成的均一混合物或溶液的性质。对于增塑剂而言，相容性是指增塑剂与树脂相互混合时的溶解能力，如果两者之间相容性不好，增塑剂就会从制品中析出，增塑剂易渗出到制品表面，并发生相的分离，影响成型加工和制品性能。因此，相容性是增塑剂最基本、最重要的特性。相容性不好的增塑剂是不合格的，起码不能用作主增塑剂。

相容性受增塑剂分子的大小、形状和所含化学基团影响，也与聚合物或树脂的特性有关，如含酯基、芳基、硝基、酮基、酰氨基及磷酸酯的增塑剂，对聚氯乙烯有很强的溶解力；含有醚基、醚酯基和不饱和键的化合物对合成橡胶有很好的相容性。增塑剂与树脂相容性好，增塑剂不离析，而且增塑效率高，制品柔韧性好，使用寿命长。

24. 怎样评价增塑剂的相容性?

增塑剂在聚合物中相容性的好坏，目前尚无绝对的判据，主要还是依据配合试验和经验来判定。评价和测定相容性的方法有观察法及溶解度参数、相互作用参数、介电常数、黏度、浊点测定等方法，但这些方法在使用中都还存在一定的局限性。

25. 怎样用观察法评价增塑剂的相容性?

观察法是评价增塑剂相容性的一个简便方法。它是将增塑剂、树脂和适当的溶剂按一定的比例混合，调制成均匀的溶液，再将此溶液流延制成薄膜。通过观察薄膜的透明状况来判断增塑剂与树脂的相容性，薄膜均质透明表明两者相容性好，模糊则表示两者相容性差。

另一种观察法是将增塑剂与树脂按一定比例混合均匀后，加热使其塑化后冷却至室温，观察制品表面有无渗出物：无增塑剂渗出时表明增塑剂与树脂相容性好；如有渗出时，渗出的增塑剂越多，表明两者相容性越差。

26. 怎样用溶解度参数来评价增塑剂的相容性?

溶解度参数是定量表示物质极性的特性值，其大小等于物质内聚能密度的平方根，可由下式计算：

$$\delta = \sqrt{CED} = \sqrt{\frac{\Delta H_v - RT}{M/d}}$$

式中　δ——溶解度参数；

　　　CED——内聚能密度；

　　　ΔH_v——25℃时溶剂的蒸发潜热，J/mol；

　　　R——气体常数，$R = 8.3192$J/（mol·K）；

　　　T——热力学温度；

　　　M——分子量；

　　　d——温度T时的密度。

按照一般的规律，极性越相近的物质越容易互溶。因此，增塑剂的溶解度参数与树脂的溶解度参数越接近，两者的相容性也就越好，因而可根据δ值半定量地评估增塑剂与树脂的相容性。如聚氯乙烯的δ值为9.5，聚氯乙烯用增塑剂的δ值一般为8.4~11.4。

利用溶解度参数预测相容性比较简便，尤其对聚合物—溶剂体系比较理想。但在聚合物—增塑剂体系中，由于增塑剂的分子量较大、沸点高，而且氢键和偶极矩受其化学组成和原子排列的影响较大，因此，仅用溶解度参数来评价其相容性会产生一定偏差。

27. 介电常数可用来评价增塑剂相容性吗？

介电常数又称介电系数，是表征介电材料的介电性质或极化性质的宏观物理量，是一个大于1的量纲为一的量。介电常数是分子极性的函数，它受偶极矩和氢键的影响很大，因此，介电常数可用来作为判断增塑剂相容性的参数。如对聚氯乙烯树脂而言，增塑剂的介电常数ε为4~8时，与树脂有很好的相容性。

一般来说，采用溶解度参数δ与介电常数ε相结合的方法，判断增塑剂与聚合物（特别是对聚氯乙烯）的相容性效果较好。

28. 使用相互作用参数可以判断聚合物和增塑剂的相容性吗？

相互作用参数又称哈金斯（Huggins）参数，是反映聚合物与溶剂混合时相互作用能变化的参数，以χ表示。它可以通过蒸气压、渗透压、聚合物溶液的特性黏度、交联聚合物的溶胀以及部分结晶聚合物的熔点降低等方法测定。

按照弗洛里（Flory）和哈金斯理论，聚合物溶液的混合自由能可用下式计算：

$$\Delta G = RT(n_1 \ln V_1 + n_2 \ln V_2 + \chi n_1 V_2)$$

式中　ΔG——混合的自由能；

　　　R——气体常数，$R = 8.3192$J/（mol·K）；

　　　T——热力学温度，K；

　　　n_1——溶剂的物质的量，mol；

　　　n_2——溶质的物质的量，mol；

　　　V_1——溶剂的体积分数；

　　　V_2——溶质的体积分数；

　　　χ——相互作用参数，χ可以通过蒸气压、渗透压、聚合物液体的特性黏度、交联聚合物的溶胀及部分结晶聚合物的熔点降低等方法测定。

如果计算机所得 ΔG 为负值，聚合物和溶剂将形成溶液，表明聚合物与增塑剂是相容的。对于高分子量聚合物和低分子量增塑体系，χ 值必须在 0.5 或 0.5 以上时才认为是相容的，也即 χ 在 0.5 左右是相容性的界限。但当增塑剂的分子量增加时，且增塑剂与聚合物又有相同的摩尔体积时，χ 值最高可增加到 2，这时也认为是相容的。

29. 怎样用黏度比较法判断增塑剂的相容性？

黏度是流体内部抵抗流动的阻力。比较某种聚合物在不同增塑剂（等量）中形成的分散体系的黏度，也可比较相容性。黏度大，则说明相容性好；否则，相容性较差。这是因为对于聚合物具有高溶剂能力的液体，能使聚合物分子链得到良好的伸展，于是溶液的黏度也越高，妨碍液体流动；相容性差时，分子链卷曲程度大，对液体流动影响较小。

30. 怎样用浊点比较法判断增塑剂的相容性？

浊点是聚合物与增塑剂的稀均相溶液冷却后变成浑浊时的温度。这是反应混合物冷却时由于水的分离所造成的。因此，通过浊点的测定也能迅速判断增塑剂和树脂的相容性。浊点越低，表明增塑剂与聚合物的相容性好；浊点高，则表明两者相容性差。

31. 结构与相容性有什么关系？

多数增塑剂分子具有极性和非极性两部分。增塑剂/聚合物的相容性与增塑剂本身的极性及增塑剂和聚合物的结构相似性有关。通常，极性相近且结构相似的增塑剂与被增塑聚合物的相容性好。对于乙酸纤维素、硝酸纤维素、聚酰胺等强极性聚合物，邻苯二甲酸二乙酯、邻苯二甲酸二丁酯等作主增塑剂使用时相容性较好；相反，聚丙烯、聚丁二烯及丁苯橡胶等塑化时，常选用非极性及弱极性的增塑剂。聚氯乙烯属极性聚合物，其增塑剂多是酯型结构的极性化合物，环氧化合物、聚酯、氯化石蜡等与其相容性差，多用作辅助增塑剂。

32. 什么是增塑效率？用什么方法表示增塑效率？

增塑效率又称塑化效率，是指聚合物或树脂达到某一物理性能时的增塑剂用量，所要达到的物理性能可以是玻璃化温度、弹性模量、软度（或硬度）、脆点及永久变形等。因此，玻璃化转变温度、模量、硬度等都可用来表示增塑剂的效率。但所选择的物理量不同，各种增塑剂间的增塑效率是不同的。

增塑效率是一个相对值，可用来比较增塑剂的塑化效果，但它不是评价增塑剂好坏的唯一标准，还需考虑相容性、挥发性、迁移性等因素。

33. 影响增塑效率的因素有哪些？

增塑效率与增塑剂类型、分子量、分子结构等因素有关，大致有以下规律：

（1）增塑剂的分子量相同，分子内极性基团多或环状结构多的增塑剂，其增塑效率差；支链异构体的增塑效率比直链异构体差。

（2）对聚氯乙烯而言，分子量大的增塑剂比分子小的要差。

（3）酯类增塑剂，其烷基链长度增加，增塑效率降低，如邻苯二甲酸酯类的烷基碳原子在4左右时，增塑效率最高。在烷基碳原子数和结构相同的情况下，其增塑效率为己二酸酯>邻苯二甲酸酯>偏苯三酸酯。

（4）酯类增塑剂中，烷基碳链中引入醚键，可提高增塑效率。但烷基部分由芳基取代时，增塑效率降低。在烷基或芳基中引入氯取代基时，增塑效率也会下降。

（5）增塑剂效率也与增塑剂本身的黏度有关，即同系列增塑剂的等效用量随着其黏度上升而增加。

34. 什么是增塑剂的相对塑化效率？

以性能比较全面的邻苯二甲酸二辛酯（DOP）的增塑效率值作为标准，并与其他增塑剂的增塑效率值进行比较所得的相对效率值称为增塑剂的相对塑化效率，或称作增塑剂间的相对效率。选择测定增塑效率的物理量有玻璃化温度、伸长率、模量及硬度等。在同样条件下达到同一数值时，试验其他增塑剂添加量与DOP添加量的比值，即为相对塑化效率。因此，玻璃化温度、伸长率、模量及硬度等性质的试验方法是测定增塑效率的基础。

显然，相对塑化效率小于1.0的是较为有效的增塑剂，大于1.0则是较差的增塑剂。

对聚氯乙烯而言，常用增塑剂的相对塑化效率见表1-1。

表1-1　增塑剂对聚氯乙烯的相对塑化效率

增塑剂	相对塑化效率	增塑剂	相对塑化效率
DOP	1.00	癸二酸二（2-乙基己酯）	0.93
邻苯二甲酸二丁酯	0.81	癸二酸二异丁酯	0.85
邻苯二甲酸二异丁酯	0.87	癸二酸二环己酯	0.98
邻苯二甲酸二异辛酯	1.03	己二酸二（2-乙基己酯）	0.91
邻苯二甲酸二仲辛酯	1.03	己二酸二（丁氧乙基酯）	0.80
邻苯二甲酸二庚酯	1.03	磷酸三甲苯酯	1.12
邻苯二甲酸二壬酯	1.12	磷酸三（二甲基）苯酯	1.08
邻苯二甲酸正辛酯	0.98	磷酸三（丁基）乙酯	0.92
邻苯二甲酸正癸酯	0.98	环氧硬脂酸辛酯	0.91
邻苯二甲酸异辛酯	1.02	环氧硬脂酸丁酯	0.89
邻苯二甲酸异癸酯	1.02	环氧乙酰蓖麻油酸丁酯	1.03
邻苯二甲酸二异癸酯	1.07	氯化石蜡-40	1.80~2.20
邻苯二甲酸二（丁氧乙基酯）	0.96	烷基磺酸苯酯	1.04
癸二酸二丁酯	0.79		

35. 在调整增塑剂配方时，怎样用相对塑化效率值计算替代增塑剂的用量？

在调整增塑剂配方时，如用一种增塑剂代替或部分代替另一种增塑剂使用时，由相对塑化效率值很容易计算出对应的使用量。例如，对于 100 份聚氯乙烯中加入 50 份磷酸三甲苯酯(TCP)的混合物，为了改善聚氯乙烯的耐寒性能，拟少用 20 份的 TCP，而以癸二酸二(2-乙基己酯)(DOS)代替，并要求混合物保持用 50 份 TCP 时相同的模量，则可以通过相对塑化效率值计算出 DOS 的用量，即 $20 \times 0.93/1.12 = 16.5$ 份 DOS。式中的 0.93 为 DOS 的相对塑化效率值，1.12 为 TCP 的相对塑化效率值。可写成如下计算公式：

$$P_A : P_B = \alpha_A : \alpha_B$$

式中　P_A、P_B——增塑剂 A、B 的份数；

　　　α_A、α_B——增塑剂 A、B 的相对塑化效率。

36. 什么是耐寒增塑剂和增塑剂的低温效率值？

某些具有低黏度和低黏度系数的增塑剂由于其玻璃化温度(T_g)低，能降低聚合物的玻璃化温度，通常把这类增塑剂称作耐寒增塑剂或低温型增塑剂。向聚氯乙烯树脂中加入 1%(摩尔分数)增塑剂所引起其玻璃化温度下降值，被定义为增塑剂的低温效率值。脂肪族二元酸酯、二元醇的脂肪酸酯、直链苯二甲酸酯、环氧脂肪酸酯和脂肪族磷酸酯都具有耐寒的功能。其中，有线型结构的耐寒性好，分子中有环状结构的耐寒性差。而含苯环的邻苯二甲酸丁苄酯、邻苯二甲酸环己酯、磷酸三甲酚酯、磷酸三甲苯酯、磷酸三(二甲苯酯)等耐寒性最差。在同一系列中，具有直链烷基的耐寒性好，烷基链越长，耐寒性越好，而支链越多的，耐寒性越不好。

37. 增塑剂耐寒性与结构有什么关系？

一般来说，相容性良好的增塑剂其耐寒性较差，特别是当增塑剂含有环状结构时，耐寒性会显著降低。以直链亚甲基结构为主体的脂肪族酯类具有良好的耐寒性，而且有直链烷基结构的增塑剂，耐寒性都是良好的。随着烷基支链的增加，耐寒性也相应变差。通常烷基链越长，耐寒性会越好，而当增塑剂具有环状结构或烷基具有支链结构时，致使耐寒性变差的原因在于低温下环状结构或支链结构在聚合物分子链中的运动受阻。不同结构的酯类增塑剂，其耐寒性为芳环<脂环族<脂肪族，如邻苯二甲酸二辛酯<四氢化邻苯二甲酸二辛酯<癸二酸二辛酯。

38. 怎样计算塑化的聚合物—增塑剂体系的玻璃化温度？

玻璃化温度(T_g)又称玻璃化转变温度，是发生玻璃化转变的温度。测定玻璃化温度是度量聚合物分子链移动性的最重要方法。聚合物在 T_g 以上是柔软的，而在 T_g 以下是硬的。如果已知聚合物和所用增塑剂的玻璃化温度 T_g，则塑化的聚合物—增塑剂体系的 T_g 可以通过下述经验公式计算而得：

$$T_g = T_{g1}w_1 + T_{g2}w_2 + Kw_1w_2$$

式中　T_g——塑化物的玻璃化温度；

　　　T_{g1}、T_{g2}——增塑剂和聚合物的玻璃化温度；

　　　w_1、w_2——增塑剂和聚合物的质量分数；

K——常数（对某一聚合物—增塑剂体系），即软化温度的降低系数。

39. 什么是增塑剂的耐久性？

耐久性是指增塑剂在增塑制品中的持久存在能力。特别是聚氯乙烯制品中的增塑剂，其配用量较多，就要求增塑剂能长期地保留在塑料制品中，即所谓耐久性要好。

增塑剂的耐久性又称时效性，它主要包括耐迁移性、耐抽出性及耐挥发性等。耐久性与增塑剂本身的分子量及分子结构有密切关系。要获得良好的耐久性，增塑剂分子量在350 以上是必要的。例如，分子量在 1000 以上的聚酯类和苯多酸酯类（如偏苯三酸酯）增塑剂都有良好的耐久性，它们可用于汽车内制品、电线电缆等一些需要耐久性的塑化制品。

40. 什么是增塑剂的耐迁移性？

耐迁移性是指增塑剂从塑料制品内部向表面移动，再向相接触的物质由表向里的渗透现象，是一个向固体介质扩散的过程。增塑剂的迁移会引起制品的软化发黏，甚至表面碎裂等。同时由于增塑剂的迁移而发生制品的污染。

增塑剂的迁移与增塑剂本身的结构有关，高分子量的增塑剂迁移性小，如聚酯、邻苯二甲酸酯中醇的碳链增长，则迁移性下降。而用芳基取代烷基时迁移性会有所变化，烷基为直链的易迁移。此外，与塑化的聚氯乙烯相接触的高分子材料的性质也会影响迁移性，如果迁移对象与增塑剂相容性好而且极性较强时，易发生迁移现象。

41. 怎样由表观扩散系数来判别增塑剂的迁移性？

增塑剂的迁移性包括两个方面：一是增塑剂由制品内部向外部表层渗出；二是增塑剂向与其接触固体表面扩散转移。为此，纳普（Knap）考察了增塑剂从塑化的聚氯乙烯中向聚苯乙烯、聚烯烃、乙酸纤维素表面扩散时所发生的扩散损失和时间的关系，并提出了计算表观扩散系数的关系式：

$$D = \frac{(\Delta m)^2}{F^2(\Delta C)}$$

式中　D——表观扩散系数；

　　　Δm——增塑剂起始浓度低的试样的质量增加量，即迁移量；

　　　F——垂直于扩散方向的表面积；

　　　ΔC——两个试样中增塑剂起始浓度差。

由此计算出的表观扩散系数 D 值越大，迁移现象也越严重。从一些计算结果比较得知，分子量大的、具有支链结构或环状结构的增塑剂是较难迁移的。

42. 什么是增塑剂的挥发性？影响挥发性的因素有哪些？

增塑剂的挥发性是指增塑剂从制品表面向空气中扩散或飞逸的倾向。增塑剂的挥发性与其分子量有密切关系，分子量小的增塑剂，其挥发性就大；分子内有较大体积基团的增塑剂，挥发性较小；闪点低的增塑剂其挥发性较大。此外，与聚氯乙烯相容性好的增塑剂，其挥发性也较大。

在常用的邻苯二甲酸酯类增塑剂中，邻苯二甲酸二丁酯的挥发性最大，而邻苯二甲酸二异癸酯、邻苯二甲酸二(十三)酯等的挥发性较小。正构醇的邻苯二甲酸酯的挥发性，比相应的支链醇的酯的挥发性小；在环氧类中，环氧化油类的挥发性最小，环氧四氢邻苯二甲酸酯类则次之，而环氧脂肪酸单酯的挥发性较大；在脂肪族二元酸酯中，癸二酸二辛酯的挥发性最小，壬二酸二辛酯、己二酸二异癸酯次之，己二酸二辛酯的挥发性最大；聚合型增塑剂(如聚酯类)由于分子量较大，因此耐挥发性良好。

凡增塑剂挥发性小的，由其配制成型的制品加热损失也小，老化时间就会延长；硬度(软度)容易控制。通常，聚酯类、环氧化油类、偏苯三酸酯、双季戊四醇酯、邻苯二甲酸双十六烷酯等挥发性低的增塑剂，多用于汽车内制品、电线电缆等需要耐高温的场合。

43. 怎样计算增塑剂的蒸发量？

增塑剂的挥发过程也可视为增塑剂从制品内部迁移至表面，再逸入空气蒸发。因此，在单位时间及单位面积上，增塑剂的蒸发量可由下式进行计算：

$$\frac{Q}{S} = 2.26\sqrt{\frac{Dt}{L^2}}$$

式中　Q——在时间 t 内单位面积上增塑剂的损失质量，g；
　　　S——单位面积所含增塑剂总量，g；
　　　D——扩散系数，cm^2/h；
　　　L——试片厚度，cm；
　　　t——时间，h。

从上式可知，挥发过程由内部扩散控制时，增塑剂的质量损失与时间的平方根成正比，与试片厚度的平方根成反比。

44. 什么是增塑剂的抽出性？影响增塑剂抽出性的因素有哪些？

抽出性是指增塑剂由被增塑的制品向与其接触的液体介质中迁移的倾向。所接触的介质有水、溶剂、洗涤剂、油类及润滑剂等，增塑剂的抽出性既与塑化物本身的性质(如聚合物与增塑剂的结构、分子量及极性等)有关，也与塑化物相接触的液体介质的性质有关。有些研究者针对影响抽出性的因素提出以下3种观点：

(1) 抽出性主要取决于增塑剂在塑料制品中的内部扩散速率。

(2) 增塑剂抽出是由于所接触液体介质被塑料吸收，导致制品溶胀，从而增大了增塑剂的内部扩散速率。

(3) 由于液体介质对增塑剂溶解性很低，会影响到增塑剂从制品表面扩散到液体介质中的速度，这时液体介质的性质对增塑剂的抽出速度起决定性作用。实际上，也是极性介质易将制品中增塑剂抽出，非极性、弱极性介质就不易抽出。

45. 增塑剂的耐抽出性包含哪些内容？

增塑剂的耐抽出性通常包括耐油性、耐溶剂性、耐水性和耐肥皂水性等。

一般的增塑剂易被汽油或油类溶剂抽出，即耐油性及耐溶剂性较差。但苯基、酯基多的极性增塑剂和烷基支链多的增塑剂难以被油抽出，这是因为增塑剂分子在体系中更难扩散之故。例如，邻苯二甲酸丁苄酯、磷酸三甲苯酯、邻苯二甲酸二壬酯等是耐油性良好的增塑剂。在增塑剂分子结构中，其烷基较大者被汽油或油类溶液抽出的倾向也较大。

增塑剂的耐水性和耐肥皂水性与耐油性相反，分子中烷基较大者，其耐水性和耐肥皂水性更好。凡增塑剂分子中含有大于7个碳的烷基、高级二元酸根（如癸二酸根）及非离解分子，则耐水性好，被水抽出性低；增塑剂分子中含有小于7个碳的烷基、磷酸根、醚链和未酯化的氢氧基、苯基、甲苯基或类似的芳基，它们相对较活泼，所以耐水性差，被水抽出性也就较大。

由于大部分增塑剂都难以被水抽出，因此对于常与水接触或常用水洗涤的聚氯乙烯制品可以采用普通的增塑剂，但在常与油类接触的情况下，就必须使用耐油性优良的增塑剂，如己二酸类聚酯、癸二酸类聚酯都是耐油性好的增塑剂品种。

46. 什么是增塑剂的热稳定性？它与哪些因素有关？

增塑剂的热稳定性是指被增塑的物质受热时耐热降解或老化的性能。通常，塑化制品被加热到200℃以上时，制品中的增塑剂便会分解，热分解后会丧失增塑剂的功能，从而影响制品的使用寿命。

塑料制品耐老化性能的改善主要依靠热稳定剂及抗氧剂的作用，对于软质聚氯乙烯，由于增塑剂加入量很大，因此塑化物的热稳定性与增塑剂也有很大关系，使用的增塑剂不同，其热稳定性也有很大差别。

增塑剂的热稳定性与其结构有关，分子中支链多的增塑剂耐热性较差，如邻苯二甲酸二正辛酯是直链结构，所以其耐热性比有支链结构的邻苯二甲酸二异辛酯、邻苯二甲酸二异壬酯、邻苯二甲酸二（十三）酯等要好。此外，纯度高、挥发性小的增塑剂，其耐热性好。不同类别的增塑剂其热稳定性也有较大差别，如环氧化物耐热性好，而磷酸酯类和烃类耐热性较差。

47. 什么是增塑剂的光稳定性？它与哪些因素有关？

增塑剂的光稳定性又称耐光性，是指其抵抗光氧化的性能。许多塑料制品与光接触后因吸收光能（紫外线、红外线或可见光）而使材料处于激发态，再通过光化学反应引起高分子链降解或交联，使材料性能劣化。

增塑剂的光稳定性与其化学结构有关，一般来说，具有直链烷基的增塑剂其抗光氧化性能较好；由正构醇制成的增塑剂邻苯二甲酸二正辛酯的光稳定性比由侧链醇制成的增塑剂［如邻苯二甲酸二（十三）酯］要好；羧酸酯类增塑剂会随着碳链增长而提高稳定性；环氧类增塑剂、磷酸酯和亚磷酸酯类增塑剂等都有很好的光稳定性。

48. 为什么说绝缘制品中选用增塑剂时要注意其电绝缘性？

纯聚氯乙烯树脂和聚氯乙烯硬质制品的体积电阻率很高，是优良的绝缘材料。但加入增塑剂后会使其电绝缘性降低，而且聚氯乙烯塑化物的体积电阻率会随增塑剂用量的增加而逐渐降低。极性较低的增塑剂（如癸二酸酯类）可使塑化物的体积电阻率降低。相反，极性较强的增塑剂（如磷酸酯类）有较好的电性能。这是因为极性较低的增塑剂允许聚合物链上的偶极有更大的自由度，从而增大导电率，降低电绝缘性。另外，分子内支链较多，塑化效率差的增塑剂却有较好的电性能，支链多的邻苯二甲酸二壬酯、邻苯二甲酸二(十三)酯、邻苯二甲酸二异辛酯、邻苯二甲酸二异癸酯等是电绝缘性良好的增塑剂。

氯化石蜡有优良的电性能，常用在电线电缆中，但电线电缆用增塑剂，除要求有良好的电绝缘性能外，还要求具有良好的热稳定性和耐老化性。因此，在高温电缆中，常用偏苯三酸三辛酯、邻苯二甲酸二(十三)酯等耐高温增塑剂。聚酯类增塑剂由于挥发性低、耐久性好，也广泛用于电线电缆制品中。

此外，增塑剂的纯度与塑化物的电性能也有密切关系。当要求塑化物具有高体积电阻率时，除要对增塑剂进行精制外，还须考虑填充剂等的影响。

49. 影响增塑剂阻燃性的因素有哪些？

所谓阻燃性，是指遇火焰不燃烧或燃烧速度很慢，且离开火焰即能熄灭的性能。随着塑料制品在建筑、电线电缆、电器、矿用运输带及交通等方面的广泛应用，都要求塑料有阻燃性，甚至燃烧时最好不产生有毒气体。聚氯乙烯树脂的含氯量为56.8%，故其本身具有阻燃性及自熄性。因此，如选用具有阻燃性好的增塑剂配合，可进一步提高聚氯乙烯的阻燃性；反之，如增塑剂阻燃性不好，则会降低聚氯乙烯的阻燃性能。特别是当聚氯乙烯树脂加工成软制品(如人造革、塑料薄膜、聚氯乙烯电缆料等)，由于加入的增塑剂等其他添加剂是可燃的，则可使聚氯乙烯具有可燃性。

一般来说，影响增塑剂阻燃性的因素有：

(1) 取决于增塑剂的化学结构，凡含有磷、氯和芳基结构的增塑剂，其阻燃性较好。

(2) 取决于增塑剂对于聚合物的相对挥发性，挥发性越大，阻燃性越差。

(3) 取决于塑化物燃烧时产生的分解物，分解物如不助燃，塑化物也就不易燃。

目前广泛使用的阻燃增塑剂有磷酸酯类和氯化石蜡。磷酸酯类增塑剂的最大特点是阻燃性强，常广泛用作聚氯乙烯及纤维素的增塑剂，代表性品种是磷酸三甲苯酯，可以制造阻燃性要求较高的产品，如煤矿用运输带等，磷酸三氯乙酯是磷酸酯增塑剂中耐燃性最好的品种，在235℃直接火焰下才燃烧，离开火焰自动熄灭；氯化石蜡价廉也大量用作辅助增塑剂，所用氯化石蜡的氯含量多为40%~50%。

50. 什么是氧指数？它与增塑剂阻燃性有什么关联性？

氧指数是衡量高聚物材料是否易燃的一项重要指标，它是刚好能维持高聚物燃烧时的混合气体中最低氧含量的体积分数，氧指数越小越容易燃烧，氧指数越大，阻燃性能越好。氧指数可用氧指数仪进行测定。表1-2列出了一些聚氯乙烯用阻燃增塑剂的氧指数。一般来说，氧指数大于28者认为是阻燃的。其中，以磷酸三氯乙酯及磷酸三(溴氯丙酯)的氧指数较高，阻燃性好，邻苯二甲酸二(2-乙基己酯)的阻燃性最差。

表1-2　聚氯乙烯用阻燃增塑剂的氧指数

增塑剂	氧指数，%	增塑剂	氧指数，%
磷酸三(溴氯丙酯)	31.5	磷酸二苯基异辛酯	26.3
磷酸三氯乙酯	30.0	磷酸二苯基异癸酯	26.1
磷酸三(二氯丙酯)	29.0	氯化石蜡(含氯50%)	25.6
磷酸三甲苯酯	28.1	氯化石蜡(含氯40%)	25.3
磷酸三苯酯	27.5	磷酸三辛酯	24.3
磷酸三芳基酯	27.2	邻苯二甲酸二(2-乙基己酯)	23.3

注：配方中聚氯乙烯100份，试验所用增塑剂为20份。

51. 为什么增塑剂要具有耐霉菌性？哪些增塑剂的耐霉菌性较好？

耐霉菌性是指塑料、复合材料在真菌和细菌的作用下，能抵抗质量或物理性能变化的能力。如电线电缆、农用薄膜、土建器材、地下管线等塑料制品，在使用过程中会接触环境中的多种微生物，由于微生物的侵害而造成老化变质，产生霉斑和难闻的气味，不仅影响制品使用寿命，还会造成环境污染。

聚氯乙烯及许多高分子材料一般对微生物的破坏作用有较强抵抗性，但在塑化物中的增塑剂却往往成为微生物的营养源，容易受霉菌、细菌等的侵害，导致制品性能降低。

增塑剂的耐霉菌性与其组成及结构有关，根据对一些增塑剂的霉菌侵害性试验结果分析，各种增塑剂的耐霉菌性大致有以下规律：

(1) 邻苯二甲酸酯类、环状醇酯、环己醇酯等有较强的耐霉菌性。

(2) 磷酸酯类都有较好的耐霉菌性。

(3) 含脂肪酸基团的增塑剂，如硬脂酸酯、月桂酸酯、油酸酯、蓖麻油酸酯等易受霉菌侵蚀。

(4) 己二酸和丁二酸的衍生物可抗霉菌，但癸二酸衍生物对霉菌敏感，柠檬酸、丙三羧酸和乌头酸的衍生物能耐霉菌侵蚀。

(5) C_{10}以上脂肪酸的乙二醇酯及乙醇酸的衍生物都耐霉菌侵蚀，季戊四醇酯也有良好的耐霉菌性，环氧大豆油特别易成为菌类的营养源。

此外，在塑料制品加工过程中，加入五氯苯酚、噻苯咪唑、硬脂酸苯汞、富马酸三丁基锡等防霉剂，可以抵御霉菌的生长。

52. 增塑剂有毒吗？哪类增塑剂的毒性较大？

塑料制品特别是塑料薄膜、容器、软管等已广泛用于食品和药品的贮存和包装等方面，因此要求这些制品(还包括儿童玩具等)必须是无毒或低毒的。一般来说，作为塑料的基料——树脂比较稳定，不会向食品等迁移，因此可以认为是低毒或无毒的，但塑料制品中所添加的增塑剂及其他各种助剂，有许多含有不同程度的毒性，它们在使用时可能会被水或油质的食品抽出，然后进入人体，对人体造成危害。

塑料用增塑剂一般也或多或少存在一定的毒性，各类增塑剂的毒性也不相同，毒性较大的有磷酸酯类和含卤化合物，其毒性作用致使内脏和神经系统受损。在磷酸酯类中，磷酸三甲酚酯的毒性最强，氯化芳烃的毒性比氯化脂肪烃强，而氯化石蜡则是基本上无毒的增塑剂。环氧增塑剂是毒性较低的一类增塑剂。柠檬酸酯类是人们所熟悉的无毒增塑剂。分子量较小、水溶性较大的邻苯二甲酸酯有一定毒性。

53. 怎样评价增塑剂的毒性？

增塑剂的毒性大小与塑料助剂的毒性大小一样，是通过动物试验获得的。动物试验项目见表1-3。

表1-3 毒性试验的类别与项目

一般毒性试验类	特殊毒性试验类
急性毒性	局部刺激性
亚急性毒性	变态反应性
慢性毒性	催畸形性
	对生殖的影响
	嗜癖性
	致癌性

在急性毒性试验中首先要进行试验动物死亡50%的投药量（即半数致死量LD_{50}）测定。LD_{50}的值越大，其毒性越小，LD_{50}与毒性之间的关系如下：

LD_{50}小于1mg/kg(体重)时，极毒；LD_{50}为 $1\sim50$mg/kg(体重)时，剧毒；LD_{50}为 $50\sim500$mg/kg(体重)时，中等毒性；LD_{50}为 $500\sim5000$mg/kg(体重)时，低毒；LD_{50}为 $5000\sim15000$mg/kg(体重)时，实际上无毒；LD_{50}大于15000mg/kg(体重)时，相对无害。

亚急性毒性试验在3个月左右的时间内连续地投喂实验动物，观察其中毒症状，测定其体重变化，并常常进行病理解剖；慢性毒性试验是在半年至两年时间连续微量给药，观察动物的病理学变化及试样的代谢情况。

54. 一些增塑剂的每日允许摄入量是多少？

每日允许摄入量简称ADI，是人每天摄取不影响健康的某种毒物的最大量。联合国粮农组织和世界卫生组织召开的农药残留专家委员会上做了有关规定，以每千克体重摄入该化学物质的毫克数来表示。它是评价某些助剂毒性和制定最大使用量的首要和最终标准。

一般的增塑剂或多或少存在一定的毒性，即使急性毒性较小（LD_{50}值较大）的增塑剂，也不能无限制地连续摄取。表1-4列出了一些增塑剂的每日允许摄入量。而人体每日允许摄入总量可由ADI值乘以平均体重而求得。

表 1-4　一些增塑剂的每日允许摄入量（ADI 值）

增塑剂	ADI，mg/kg（体重）	
	无条件	有条件
邻苯二甲酸二丁酯	0~1.0	1.0~2.0
邻苯二甲酸二辛酯	0~1.0	1.0~2.0
己二酸二异丁酯	0~2.5	2.5~5.0
乙基邻苯二甲酰基乙醇酸乙酯	0~2.5	2.5~5.0
乙酰柠檬酸三丁酯	0~10.0	10.0~20.0
环氧化大豆油	0~12.5	12.5~25.0
硬脂酸丁酯	0~30.0	30.0~60.0
癸二酸二丁酯	0~30.0	30.0~60.0

55. 为什么人们十分关心邻苯二甲酸酯类增塑剂的健康问题？

现代社会，塑料已广泛被用于与食品、药品、化妆品接触的包装和贮存方面，其中邻苯二甲酸酯类是塑料制品中用途最广、耗用量最大的增塑剂。因此，邻苯二甲酸酯类增塑剂的安全危害性和对人体健康的影响是生产者与使用者最关心的问题，为此，邻苯二甲酸酯也成为研究最广泛的化学物质之一，并出现大量相关研究论文及报道。

有报道，对邻苯二甲酸二（2-乙基己酯）的动物试验发现，雄性大鼠接受一定口摄剂量后，会诱发睾丸和输精管萎缩，精子形成能力下降及前列腺重量下降等症状；妊娠大鼠用药后发现胎鼠死亡率上升，并出现畸形胎鼠。据此认为，邻苯二甲酸酯有致畸和致突变性。世界卫生组织根据对啮齿动物试验，虽把邻苯二甲酸二（2-乙基己酯）列入对人有可能致癌的物质，但又不以法规形式将其列入致癌物。欧洲经济共同体的危险物品分类与标准工作组根据大量的毒性试验数据，也不把邻苯二甲酸酯列为对人类有害的致癌物。有些研究者认为对啮齿动物试验不适用于人，因为两者的代谢功能不同。德国卫生管理局也认为邻苯二甲酸二（2-乙基己酯）对大鼠和小鼠的致癌作用不适用于人。

目前，对其他增塑剂的毒性报道还不是太多，数据也不完善，但对邻苯二甲酸酯类增塑剂的毒性问题报道很多。许多国家的政府机构利用各自的数据研究试图确定邻苯二甲酸酯类增塑剂是否存在健康威胁，但基本上还没有得出肯定结论，试验还在不断进行中。由于邻苯二甲酸二辛酯等增塑剂的综合性能较好，还没有更好的品种能完全取代它们。随着塑料的广泛使用几乎没有一个人能与用作塑料增塑剂的邻苯二甲酸酯完全避免接触，但为了防范邻苯二甲酸酯多量进入人体，日常生活中应少用塑料容器及包装物，加热食品时尽量少用塑料袋盛装，特别是不用含邻苯二甲酸酯的塑料盛装油脂。

56. 邻苯二甲酸酯类增塑剂是一种环境激素吗？

环境激素是指干扰动物与人体正常内分泌机能的外源性化学物质。由于它具有类似雌激素的作用，故又称环境雌激素。它包括人工合成的化合物和植物天然雌激素。由于这些化合物能干扰人体的内分泌系统，因此通常又将环境激素称为"干扰内分泌化合物"。目前发现的环境激素首推避孕药剂，其次是垃圾焚烧处理中产生的二噁英；再次是人类生产、生活活动中释放的有害化学物质，如滴滴涕、氯丹、汞、多氯联苯等。

有人认为邻苯二甲酸酯类增塑剂对内分泌有破坏作用，因为它可以引起激素系统的改变，进而导致生殖问题，因而也把邻苯二甲酸酯类增塑剂归入环境激素中。但一些研究者认为，以上结论是在欧洲男子精子数量减少的前提下做出的。许多成熟的研究表明，工业邻苯二甲酸酯类并不具有雌激素的作用。认为早期得到的大量测试结果是不正确的，这主要是因为邻苯二甲酸酯类增塑剂的水溶性很低，所以从其分离物中测出的结果容易失准。在增塑剂的加工和流通过程中，在软质聚氯乙烯产品的制造过程及塑化产品使用或使用后丢弃过程中，都会出现增塑剂由产品向环境释放的现象。但邻苯二甲酸酯类在空气中、土壤中及环境中的水里都是看不见的，而且含量非常低，这部分的原因就是它们的水溶性很低，但能以相对较快的速度化学分解或被生物降解，如邻苯二甲酸二辛酯和邻苯二甲酸二丁酯在大气中的降解速度是两天降解一半。在土壤中和无水沉积物中的邻苯二甲酸类降解速度和大气中的降解速度大致相当，30 天后 90% 的邻苯二甲酸二辛酯已经降解，而邻苯二甲酸二丁酯的降解速度比邻苯二甲酸二辛酯还要快。因为邻苯二甲酸酯类增塑剂具有生物降解和光化学降解性，在有氧的条件下，降解速度加快，释放出水和二氧化碳。因此，这类增塑剂不会在水、油或空气中聚集。

尽管有许多数据，但考虑到人类健康和安全，关于邻苯二甲酸酯类增塑剂是不是一种环境毒素的争论还将继续下去。由于各国的情况不同，要求也不一致，各国也会对这类增塑剂的安全性和使用做出各自的规定和限制。

57. 增塑剂对塑化制品性能会产生哪些影响？

通过各种不同的加工工艺可以方便地将液体增塑剂与聚氯乙烯等聚合物混合，但增塑剂的加入会对配混物的加工性能及制品的物化性质产生以下影响。

（1）对力学性质的影响。通常在聚氯乙烯树脂加入增塑剂后，其制品的模量、刚性、拉伸强度、热变形温度及弯曲强度均会随之下降，而断裂伸长率则随之增大，且影响程度随增塑剂用量增大而加大。增塑剂对冲击强度的影响较为复杂，在"反增塑作用"的范围内，冲击强度会随增塑剂用量的增加而降低，但超过临界用量时，冲击强度则随增塑剂用量的增大而提高。

（2）对热性能的影响。以聚氯乙烯为例，随着增塑剂的加入，聚氯乙烯制品柔软化程度会增大，但耐热温度则随之下降，如热变形温度、维卡软化点和马丁耐热温度等指标均随增塑剂加入量增加而逐步下降。

（3）对电性能的影响。含有增塑剂的聚氯乙烯制品的电绝缘性能，在很大程度上取决于增塑剂的品种、用量及性质。增塑剂用量多时易引起电绝缘性降低。使用高极性的增塑剂时，因能促使聚合物主链固定，故能使制品获得较高的电绝缘性；支链多的增塑剂一般也有利于提高制品的电绝缘性，而加入耐寒性增塑剂的制品，其电绝缘性都较低。

（4）对光热老化性能的影响。增塑剂对聚氯乙烯软制品的光热老化有较大影响。一般情况下，凡支链多的异构烷基醇酯易氧化形成过氧化物，从而引发和促进聚氯乙烯树脂的氧化降解。此外，分解温度及活化能较低的增塑剂因其自身易分解氧化，也会促使树脂发生光热老化。

58. 在配方中怎样选用增塑剂？

增塑剂的品种很多，为了使塑化制品有良好的综合性能，在配方中，应根据制品加工工艺和制品的质量要求、用途，选择适用的增塑剂，一般选用原则如下：

（1）与聚合物有良好的相容性。相容性是指增塑剂与聚合物的相容能力。增塑剂与聚合物相容性好时，有利于制品结构与品质的稳定。同一增塑剂对不同极性聚合物的相容性不同。常用增塑剂与聚氯乙烯的相容性顺序为：

邻苯二甲酸二丁酯＞邻苯二甲酸二辛酯＞邻苯二甲酸二异癸酯＞磷酸三甲苯酯＞聚酯＞己二酸二辛酯＞氯化石蜡；

癸二酸二丁酯＞邻苯二甲酸二丁酯＞环氧硬脂酸辛酯＞邻苯二甲酸二辛酯＞邻苯二甲酸二异辛酯＞邻苯二甲酸二壬酯＞己二酸二辛酯＞癸二酸二辛酯＞氯化石蜡。

（2）增塑效率高，增塑速度快，能以最小的用量和最短的时间获得最合理的加工条件和最佳制品。常用增塑剂的增塑效率顺序为：

癸二酸二丁酯＞邻苯二甲酸二丁酯＞癸二酸二辛酯＞己二酸二辛酯＞邻苯二甲酸二辛酯＞邻苯二甲酸二异辛酯＞石油磺酸苯酯＞磷酸三甲苯酯＞氯化石蜡。

（3）耐久性好，具有低挥发性，迁移性小，耐抽出性高。

（4）具有良好的环境稳定性和耐候性，即耐热、耐光、耐寒、耐霉菌。

（5）耐化学品和阻燃性好，电绝缘性高。

（6）黏度稳定性好，无色、无臭、无味。

（7）容易购得，价格低廉。

尽管市场上的品种很多，但要全部符合上述条件的增塑剂几乎没有，但一般选择综合性能好的增塑剂时，首要考虑的因素是增塑剂的相容性、增塑效率及耐久性。

59. 为什么增塑剂在配方中常采用两种或多种增塑剂混合使用的方法？

在实际配方中，增塑剂一般很少单独使用，因为增塑剂按品种都有各自的优点和不足，所以在配方中大多采用混合增塑剂。混合使用有以下优点：

（1）能实现较好的综合性能。由于目前没有符合理想的增塑剂，混合使用可以各取所长，相互配合，达到平衡优劣，使塑化制品具有较好的综合性能。例如，以磷酸酯为主体的增塑剂配方中，磷酸酯的耐低温性差，必须加入耐低温增塑剂，如加入一部分癸二酸二辛酯时，不仅可以增加配方中的耐寒性，又可解决癸二酸二辛酯塑化性不良的缺点。

（2）降低生产成本。有些辅助增塑剂的价格低廉，但是相容性及塑化效率差。但如与主增塑剂混合使用，既可降低生产成本，又不影响制品质量。如在电缆料中，增塑剂氯化石蜡的价格低、电绝缘性好，与主增塑剂邻苯二甲酸二辛酯混合使用，可显著降低制品成本。

（3）可由混合应用找出增塑剂配方的转折点。如在电缆料中，主增塑剂及辅助增塑剂的用量及比例超过限度值时，不但会使塑化制品的物理性能发生变化，而且还会产生增塑剂在制品表面出现渗出现象或手感不舒服等状态。因此，通过不同配比试验及结果测试，可以找出影响性能的转折点。

60. 什么是环保型增塑剂？有哪些类型？

增塑剂品种很多，不少增塑剂在使用时或留在塑化制品中，会对人体产生一定毒性。特别是目前用量最大的邻苯二甲酸酯类增塑剂存在潜在的致癌性，很多国家已开始严格控制其使用。我国也已制定了相关的法律法规，限制邻苯二甲酸酯类在食品包装材料、医疗器具以及儿童玩具等方面的应用。

环保型增塑剂或绿色增塑剂具有如下特点：

(1)技术先进性。产品制造采用清洁生产工艺，无污染或污染极小。如许多增塑剂生产都有酯化这一步骤，老工艺大多采用硫酸催化，不仅副反应多，设备腐蚀严重还污染环境，而采用非硫酸催化工艺和高效催化剂，不仅可提高产品纯度，而且可减轻设备腐蚀和环境污染。

(2)产品无毒无味。环保型增塑剂加入塑化制品中应不会产生毒性或异味，使用时可能被水或其他物质抽出时不会对人体造成危害或不良影响。

(3)可生物降解。如塑料薄膜废弃时，所含增塑剂也可随塑料而生物降解，不对环境产生危害。

目前，环保型增塑剂主要有柠檬酸酯类(如柠檬酸三乙酯、柠檬酸三丁酯等)、环氧大豆油类及一些生物降解塑料用增塑剂等，柠檬酸酯类增塑剂作为环保型增塑剂，无毒无味，可替代部分邻苯二甲酸酯类增塑剂，用于食品及医药仪器包装、日用品、儿童玩具、人造革、卫生用品及化妆品等。

61. 聚合物增塑有哪些方法？

增塑剂与聚合物(如聚氯乙烯)结合而产生增塑作用的方法有热混炼、干混、增塑糊铸塑和溶剂铸塑等方法。

(1) 热混炼。它是把增塑剂和粉状聚合物及配合剂(如稳定剂、润滑剂、着色剂、填料等)混合后，在密炼机或双辊塑炼机上加热熔融，所采用熔融温度需根据分子量和增塑剂种类来确定。如聚合物是共聚物时，则取决于共聚单体的分子量与单体比例，但大多数情况则取决于增塑剂的种类和浓度。经混炼热塑后的物料从密炼机或双辊塑炼机转入辗光机、挤出机或压延机加工制成薄膜、板材或大型制件，或切成颗粒以进一步加工成所需要的制品。

(2) 干混。它是在低于聚合物(或树脂)软化温度下，不加溶剂只借搅拌使聚合物与增塑剂、稳定剂、填料和着色剂及其他添加剂配混成松散干燥混合物的过程。混炼熔融有一定的温度范围，而干混没有明确的温度范围。干混所需时间取决于所采用的温度和增塑剂品种，分子体积较大的增塑剂(如邻苯二甲酸二异癸酯)干混，则需较长的时间和稍高的温度。一种简便的干混法是将粉状树脂在较低温度(一般为稍高于树脂的 T_g)下逐渐喷洒至搅拌的增塑剂上，直至树脂全部被润湿后又干燥为止。

只用干混法制成的物料，它在物理性质上基本不发生变化，它们仍可原样长期贮存，也可混炼、辗光、挤塑或根据需要进一步加工成制品。

（3）增塑糊铸塑。它是将铸塑用料(增塑糊)注入模具中，使其完成加聚或缩聚反应，从而得到与模腔形状相似制品的方法。具体方法有静态浇铸、离心浇铸、流延浇铸、搪塑等。使用增塑糊的优点是整个组分直至使用以前都能以液体状态存在。它对涂覆织物、金属或制造玩具等特别方便。这些制品也称为"增塑糊铸塑品"。稀释剂含量高的稀释增塑糊主要用于制造聚氯乙烯树脂及共聚物的工业涂料。

（4）溶剂铸塑。它是将液态树脂或树脂溶液、分散液等浇铸于平滑的板面上，干燥后剥下来即制得薄膜或薄板的方法。例如，将聚氯乙烯溶于环己酮或烃类溶剂中，再将这种溶液与一种可调整溶解性能(如溶解度参数、氢键)的增塑剂混合。在溶解力强的溶剂中，聚氯乙烯分子能"伸直"，分子间自身结合较少，而与溶剂结合较多，结果形成较黏的溶液；而在加入溶解力弱的增塑剂后，聚氯乙烯分子则会发生"卷曲"，与溶剂的结合也随之减少，从而使黏度下降，因而使溶剂铸塑或薄膜成型等操作变得容易进行。

在上述方法中，热混炼、干混、增塑糊铸塑都需要加热以供给一定的能量，同时又需要快速搅拌。对于溶剂铸塑，由于聚合物—溶剂系统存在自由能，又因溶剂的分子小，所以不加热也能使增塑剂和聚合物完全混合。

62. 增塑剂常应用于哪些聚合物？

聚合物的成型加工，包括塑料、橡胶的成型加工，以及合成纤维的纺丝成型和后加工，通常很少直接用来将纯的聚合物加工成制品，而是在聚合物中加入各种功能性添加剂，而增塑剂则是聚合物加工中最重要的添加剂之一，一般情况下，增塑剂是加入线型、支链型和轻度支链的聚合物中，如聚氯乙烯、聚苯乙烯、纤维素树脂、酚醛树脂、聚酯、天然及合成橡胶等，加入的目的是降低聚合物常温的刚性，提高聚合物室温下的断裂伸长率，增加聚合物的塑性，改善高分子材料的加工性和某些使用性能，但增塑剂的正确选用，以及对最终制品性能的影响，则与聚合物本身结构和性能有关。许多聚合物经增塑后可以改善其使用性能及加工性能。常用可增塑聚合物的名称可参见"附录二"。这些聚合物大量用于制造塑料、涂料、胶黏剂、橡胶及其他工业、农业、轻工业制品。

63. 增塑剂生产的基本原理是什么？

增塑剂种类很多，但其中绝大部分是酯类，多数酯类的合成则是基于酸和醇的酯化反应。酸与醇的反应历程是羧酸先质子化成为亲电试剂，然后与醇反应、脱水、脱质子而生成酯。总的反应简式如下：

$$R-\overset{O}{\underset{\|}{C}}-OH+HO-R' \overset{K}{\rightleftharpoons} R-\overset{O}{\underset{\|}{C}}-O-R'+H_2O$$

R_1、R_2一般为烷基或环烷基。上述酯化反应是可逆反应，K为平衡常数。将等物质的量的羧酸与醇在一定温度下反应至组成恒定，分析反应物中酸的含量，就可以算出平衡常数K。

从乙酸与各种醇的酯化相对速度、转化率和K值的测定数据得知，伯醇的酯化速度最快。一般来说，酯分子中有空间位阻时，其酯化速度和K值降低，即仲醇的酯化速度和K

值比相应的伯醇低。而叔醇的酯化速度和 K 值都相当低。

64. 酯化反应为什么要使用催化剂？

对于生产增塑剂的酯化反应，温度每升高 10%，酯化速度增加一倍。因此，加热可以增加酯化速度。但对某些酯化反应，只靠加热不能有效地加速酯化反应，特别是高沸点醇（如丙三醇）和高沸点酸（如硬脂酸），不加入催化剂，只在常压下加热到高温并不能有效地酯化。采用催化剂和提高反应温度可以大大加快酯化反应的速度，缩短达到平衡的时间。如邻苯二甲酸与醇的酯化反应，生成单酯十分容易，将邻苯二甲酸酐溶于过量的辛醇中即可生成单酯，即在没有催化剂存在时单酯化反应就能迅速进行。然而，邻苯二甲酸的混合双酯具有更好的增塑性能，但由单酯进一步反应变成双酯却非常困难。因单酯生成双酯属于用羧酸的酯化，需要较高的酯化温度，而且需要采用催化剂。早期采用硫酸催化剂，目前都改用非酸性催化剂。

65. 醇–酸酯化使用哪些催化剂？

在生产增塑剂的酯化反应中，氢离子（H^+）对酯化反应有很好的催化作用。因此，硫酸、对甲苯磺酸、氯化氢、强酸性阳离子交换树脂等都是工业上广泛使用的催化剂，磷酸、过氯酸、氯磺酸、甲基磺酸、硼和硅的氟化物（如三氟化硼络乙醚），以及铵、铝、镁、钙的盐类等也是较好的催化剂。其中，硫酸具有很强的催化作用，但极易使反应混合物着色。硫酸盐、酸式硫酸盐也具有与硫酸类似的催化效果，但着色性较低。

为了解决酸性催化剂易使反应混合物着色及设备腐蚀问题，近来已开发出一系列非酸性催化剂并已用于工业上。主要包括：（1）铝的化合物，如氧化铝、铝酸钠、含水 $Al_2O_3 +$ NaOH 等；（2）IV族元素的化合物，如氧化钛、钛酸四丁酯、氧化锆、氧化亚锡和硅的化合物等；（3）碱土金属氧化物，如氧化锌、氧化镁等；（4）V族元素的化合物，如氧化锑、羧酸铋等。采用非酸性催化剂不仅酯化时间短，而且无腐蚀性、产品色泽好、副反应少，回收醇只需简单处理就能循环使用。采用非酸性催化剂的不足之处是在较高温度（一般在 180℃左右）才具有足够的催化活性。因此，使用非酸性催化剂时酯化温度较高，一般多为 180~250℃。

66. 用羧酸和醇进行酯化反应时，可采取哪些操作方法？

羧酸和醇的酯化是一种可逆反应，其平衡常数 K 都不大，当使用等物质的量的酸和醇进行酯化反应时，达到平衡后反应物中仍会有相当数量的酸和醇，为了使羧酸和醇或者二者之一尽可能完全反应，就需要使平衡右移。为此，可以采用以下几种操作方法：

（1）使用过量的低碳醇。此法特别简单，只要将羧酸和过量的低碳醇在浓硫酸等催化剂存在下回流数小时，然后蒸出大部分过量的醇，再将反应物倒入水中，用分层过滤法分离出生成的酯。但此法只适用于平衡常数 K 极大，醇不需要过量太多，而且醇能溶解于水，批量小、产量高的甲酯化和乙酯化过程。

（2）从酯化反应物中蒸出所生成的酯。此法只用于酯化反应物中酯的沸点最低的情况，也即只适用于制造甲酸乙酯、甲酸丙酯、甲酸异丙酯和乙酸甲酯、乙酸乙酯等，而且这些酯常会与水(甚至还有醇)形成共沸物,因此蒸出的粗酯还需要进一步精制。

(3)从酯化反应物中直接蒸出水。此法可用于水是酯化混合物中沸点最低而且不与其他产物共沸的情况。当羧酸、醇和生成的酯的沸点都很高时,只要将反应物加热至200℃或更高,并同时蒸出水分,甚至不加催化剂也可以完成酯化反应。此外,也可以采用减压、通入惰性气体或水蒸气在较低温度下蒸出水分。如减压、蒸水法可用于制取邻苯二甲酸二异辛酯、C_5—C_7脂肪酸的乙二醇酯、己二酸二异辛酯等。

(4)共沸蒸馏蒸水法。在制备正丁酯时,正丁醇(沸点117.7℃)与水形成共沸物(共沸点92.7℃,含水质量分数为42.5%)。但是,正丁醇与水的相互溶解度较小,在20℃时水在醇中的溶解度为20.07%,醇在水中的溶解度为7.8%。因此,共沸物冷凝后分成两层,醇层可以返回酯化反应器中的共沸精馏塔的中部,再带出水分,水层可在另一共沸精馏塔中回收正丁醇。因此,对正丁醇、各种戊醇、己醇等都可用简单共沸精馏法从酯化反应物中分离出反应生成的水。

67. 合成增塑剂的主要原料有哪些?

绝大部分增塑剂是酯类物质,而且大多是通过醇和酸反应合成的,所以醇和酸(或酸酐)是生产增塑剂的主要原料。所用的酸(或酸酐)和醇,主要包括酸及酸酐类和醇类。

(1)酸及酸酐类:

① 邻、对苯二甲酸及酐;

② 脂肪族二元酸(如己二酸、壬二酸、癸二酸、十二烷二酸等);

③ 脂肪族一元酸(主要为C_5—C_{13}脂肪酸,以及油酸、硬脂酸等)。

(2)醇类:

① 一元醇(各种低、中、高级醇,如甲醇、乙醇、丁醇、辛醇、庚醇、十二烷醇等);

② 多元醇(乙二醇、二甘醇、三甘醇、新戊醇、季戊四醇、木糖醇、三羟甲基丙烷等)。

二、增塑剂的分析测试

1. 增塑剂的分析测试主要分为哪些阶段?

增塑剂是塑料、橡胶、涂料、胶黏剂及制革等行业的重要助剂,在配方中所使用的增塑剂种类和质量,对塑化制品的性能及用途有着重要作用。而建立增塑剂的各种分析测试手段对于保证增塑剂使用质量是十分重要的。

增塑剂的分析检验主要包括增塑剂产品本身的质量分析检测、增塑剂的增塑性能测试以及塑化制品中增塑剂的分析检测。增塑剂产品本身的质量分析检测主要是由增塑剂生产企业所进行,它除了进行原料检验和生产过程中间产品控制检验外,重点是进行成品检验,以判别所生产成品合格与否;在全面描述增塑剂的特征时,常用多种性能的测试来控制增塑剂的质量,包括将增塑剂制成塑化制品后进行检测。这种加工成塑化制品并测定增塑性能的方法则是评价增塑剂性能优劣的主要方法,而评价不同增塑剂对某一聚合物的增塑性能也需采用这种方法;塑化制品中增塑剂的分析检测是先通过各种分离手段,将塑化制品中的增塑剂分离出来,然后再对其进行分析测试。

2. 增塑剂产品有哪些标准?

增塑剂品种很多,常用产品也有数百种。其中,部分品种已正式颁布了国家标准,但许多增塑剂产品采用的是生产企业或使用增塑剂的企业自己颁布的企业标准,其中也有少数企业采用国际标准或国外大公司的企业标准。我国国家标准的工业级分为优等品、一等品和合格品,在不同的使用领域并没有明确的界定。但也有个别企业将某种增塑剂(如邻苯二甲酸二辛酯)分为医用级(用于生产医疗卫生材料)、食品级(用于生产食品包装材料)和电气级(用于生产电绝缘材料)等。

3. 增塑剂质量检测包括哪些项目?

增塑剂质量检测既有国家颁布的增塑剂统一检测方法,也有部分企业采用国际标准或国外某些大公司企业标准规定的方法。检测项目主要有气味测定、色度测定、纯度或酯含量测定、密度测定、黏度测定、酸值或酸度测定、折射率测定、闪点测定、水含量测定、加热减量测定、加热后色泽测定、体积电阻率测定、紫外吸收值的测定等。

4. 增塑剂的气味怎样进行测定?

气味是嗅觉所感到的味道。对于有些增塑剂来说,气味的大小反映了其中杂质的多少,对某些特殊用途的增塑剂就要求控制气味这一质量指标。如食品级和医用级邻苯二甲酸二辛酯要求无气味。在生产邻苯二甲酸二辛酯时如果其中的辛醇脱除不尽，就会产生很浓的辛醇气味。

测定增塑剂气味的原理是通过嗅觉闻样品气味。测定方法是在室温环境下，向棕色广口瓶中加入约占瓶容积 30% 的增塑剂样品，然后闻样品的气味，对照气味分类得出结果：无味、轻微气味或强烈气味。应注意的是，在测定气味时规定要 2~3 人分别进行，并出具一个共同的结果。

5. 用什么方法测定增塑剂的色度？

色度是在规定条件下，增塑剂颜色最接近于某一号标准色液的颜色时所测得的结果。增塑剂颜色的深浅与杂质含量有直接关系，因此可以根据色度的好坏来判断增塑剂的精制深度。如果增塑剂被用于增塑无色透明材料（如农膜等），用户会十分关心增塑剂颜色的深浅，也即色度的大小。由于多数增塑剂在常温下为液态，因此可用目测法将样品与标准色度进行比较，得出样品色度的大小。

色度常采用铂—钴标准比色法。该法是用氯铂酸钾与氯化钴配成标准色列，与样品进行目视比色。每升溶液中含有 1mg 铂和 0.5mg 钴时所具有的颜色，称为 1 度，作为标准色度单位。读取与样品颜色最接近的标准比色溶液的号数即为样品的色度值。色号越小，则增塑剂的颜色越浅。

6. 怎样测定增塑剂的纯度和酯含量？

纯度和酯含量这两个指标都是增塑剂有效成分的量度。以邻苯二甲酸二丁酯为例，纯度是指样品中邻苯二甲酸二丁酯这一单一物质的百分含量；酯含量则是指样品中能与碱溶液发生皂化反应的所有酯的总百分含量（以邻苯二甲酸二丁酯计）。虽然纯度比酯含量更能真实反映样品的质量状况，但增塑剂行业目前大多采用测定酯含量的方法。

增塑剂的纯度可用气相色谱法测定，用气相色谱仪测定纯度，具有劳动强度小、耗时少、结果的准确度和重现性高等特点，也是部分企业所采用的方法。

增塑剂的酯含量用皂化法测定，它是将增塑剂样品用氢氧化钾乙醇溶液进行皂化，皂化后用盐酸滴定剩余的氢氧化钾，根据盐酸的消耗量计算出酯含量。

有些增塑剂可能不是由单一组分的酯组成，其分子量难以确定，这时很难再用酯含量来表示样品有效成分的高低，而用皂化值来表示其酯含量的高低。皂化值是在规定条件下，中和并皂化 1g 样品时所消耗的以 mg 为单位的氢氧化钾质量数（mg KOH/g）。皂化值表示 1g 样品中游离的和化合在酯内的脂肪酸的含量。一般说来，化合在酯内的脂肪酸的分子量较小或游离的脂肪酸的数量较大，则皂化值较高。

7. 怎样测定增塑剂的酸值和酸度？

中和 1g 增塑剂样品中的酸性物质所需要的氢氧化钾的量（mg）称为酸值，单位为 mg KOH/g；以相应酸表示增塑剂中酸性物质的质量分数称为酸度，单位为 %。

酸值和酸度分别表示增塑剂中所含有机酸的总量，是控制增塑剂精制深度的项目之一。

测定时，将样品溶于适宜的溶剂(不同增塑剂所用溶剂有所不同)，以酚酞作指示剂，用氢氧化钾乙醇标准滴定溶液进行滴定。滴定结果分别按下式计算酸值 S_Z(mg KOH/g) 和酸度 A(%)。

$$S_Z = \frac{56.1cV}{m}$$

$$A = \frac{M_A cV}{10nm}$$

式中　V——滴定样品消耗氢氧化钾乙醇标准溶液体积，mL；

　　　c——氢氧化钾乙醇标准滴定溶液浓度，mol/L；

　　M_A——相应酸(如苯二甲酸)的摩尔质量，g/mol；

　　　n——相应酸(如苯二甲酸)的羧基数；

　　　m——增塑剂样品质量，g。

8. 增塑剂的密度与纯度有关联性吗？

密度是单位体积所含物质在真空中的质量，通常用 ρ 表示，单位为 g/cm³、kg/m³。我国规定20℃时的密度为标准密度，常用 ρ_{20} 表示。测量温度下的密度为视密度，用 ρ_t 表示。物质密度与规定温度下水的密度之比为相对密度，用 d 表示。密度测定的常用方法是密度计法及韦氏天平法，其测量原理都是以阿基米德浮力定律为基础，即浮力等于物体排开同体积液体的质量。

密度也是增塑剂的物性常数之一，对于大多数增塑剂，测定密度也可大致判别其纯度，如果其纯度较高则可初步判定其种类，但如知道其种类，则又可初步判定其纯度。纯度越高，则其密度越接近理论值，所测样品的密度偏离理论值越远，说明其纯度越低。

9. 怎样表示增塑剂的黏度？

黏度就是液体的内摩擦。增塑剂受到外力作用而发生相对移动时，其分子之间产生的阻力使增塑剂无法顺利流动，其阻力大小就称为黏度。它是增塑剂流动性能的主要技术指标。通过测定增塑剂的黏度，还可间接表明增塑剂的种类或纯净度。

黏度的度量方法分为绝对黏度和相对黏度两大类。绝对黏度分为动力黏度和运动黏度两种。相对黏度有恩氏黏度、赛氏黏度和雷氏黏度等几种表示方法。

增塑剂的黏度一般用动力黏度来表示。在流体中取两面积各为1m²、相距1m、相对移动速度为1m/s时所产生的阻力称为动力黏度，单位为 mPa·s。流体的动力黏度 η 与同温度下该流体的密度 ρ 的比值称为运动黏度，它是这种流体在重力作用下流动阻力的度量。因此，增塑剂黏度的测定是先用毛细管黏度计测出其运动黏度 ν，再测出其密度 ρ 后换算为动力黏度 η，即

$$\eta = \rho\nu$$

温度对增塑剂的黏度有较大影响，因此在测定增塑剂黏度时，为了测定准确，必须控制好被测增塑剂的温度。

10. 为什么要测定增塑剂的折射率?

折射率又称折光指数,定义为特定光波长度的光线在空气中的速度和在被测物质中的速度之比,即当光线从空气进入物质时,入射角的正弦值除以折射角的正弦值。这是相对折射率,如果需要绝对折射率(即在真空下),这个值还需乘以一个系数 1.00027(空气的绝对折射率)。

增塑剂的折射率可以通过阿贝折射计测定,由于物质的折射率大多随温度的增高而降低,所以测定时必须准确保持定值。一般常测定 20℃ 或 25℃ 下的折射率,而以测定 20℃ 下的折射率最为常用。

折射率也和密度一样取决于物质的结构。测定增塑剂的折射率,除了可用以鉴定其纯度外,因化合物的折射率与其成分的折射率之间有加和性及部分构造性,所以也可用于确定同分异构体的分子结构。

11. 为什么要测定增塑剂的闪点?

在规定的条件下加热试样,当试样温度达到某温度时,试样的蒸气和周围空气的混合气一旦与火焰接触,即发生闪火现象,最低的闪火温度称为闪点。测定闪点的方法有开杯闪点和闭杯闪点两种,前者又称为克利夫兰得开杯试验;后者又称宾斯克-马丁闪杯法。一般闪点在 150℃ 以下的液体用闭杯法测闪点,高闪点的液体通常采用开杯法测定闪点,增塑剂大多采用开杯法测定闪点。

闪点比着火点低些,可燃性液体的闪点和着火点表明其发生火灾或爆炸的可能性大小,与运输、储存和使用安全有很大关系。此外,增塑剂的纯度越高,其闪点越接近理论值,但其中往往因含有少量的原料醇和其他小分子副产物而使闪点降低。因此,闪点的高低有时也能表明增塑剂纯度的高低。

12. 怎样测定增塑剂的加热减量?

增塑剂的加热减量是指增塑剂在规定温度和时间下,加热后所损失的质量分数。加热减量是评估增塑剂中可挥发成分(有机轻组分和水)多少的一个指标,加热减量值大,表明增塑剂中的轻组分脱除不完全,纯度不高。

加热减量的测定方法是:先将电热恒温干燥箱温度调节至 125℃±2℃,在已恒重的两个带盖称量瓶中分别加入 6~8g 增塑剂试样(精确至 0.0002g)。再将两个称量瓶放置于以干燥箱温度计为中心的石棉板上,然后将称量瓶盖子打开,放在称量瓶旁边。自干燥箱温度计温度达到 125℃±2℃ 时保温 2h,然后将称量瓶盖上(不要太严密),移入干燥器内,冷却至室温,盖好瓶盖,称量准确至 1mg。根据样品加热后的质量差,算出减少的百分数即增塑剂的加热减量。

13. 为什么要测定增塑剂的体积电阻率?

在聚氯乙烯配方中电缆是要求较高的品种,特别是电绝缘性能和耐老化性能都有一定要求。邻苯二甲酸二辛酯、邻苯二甲酸二异癸酯等增塑剂常用于电缆用聚氯乙烯粒料中,但使用的前提是所用增塑剂的电阻率要足够高，以达到使用要求。因此，需对所用增塑剂的电阻率进行检测，增塑剂的电阻率一般用体积电阻率来表示，单位为 $\Omega \cdot cm$ 或 $\Omega \cdot m$。由于温度对增塑剂的体积电阻率有影响，通常所测的体积电阻率一般是指温度为 20℃ 时的检测结果。

测量体积电阻率的方法是在两电极间充满增塑剂，在电极间施加一定的电压，用电阻仪来测定电阻的大小，并由仪器换算出体积电阻率的值。

14. 怎样测定增塑剂的热后色度？

增塑剂加热后其色泽会加深。增塑剂的热后色度就是试样在规定加热温度下热处理后的色度。其测定方法是：在试管中加入 60mL 试样，把盖子盖好后放入油浴中，并使油浴液面高于试样液面。将油浴温度控制在 180℃±2℃，恒温 2h 后，取出样品并在空气中冷却至室温，约经 1.5h 后，用铂-钴标准比色法测定其色度。

15. 怎样测定增塑剂的增塑性能？

由于不能简单地根据增塑剂的物理性质预知或判断增塑性能，因此通常是通过对塑化产品性能的测试来评价增塑剂的优劣。测定时是按规定的配方和加工工艺，将聚合物和增塑剂的掺混料制成样品或薄膜，然后按规定的试验方法测定产品的性能，其中最重要的性能是相容性、增塑效率及耐久性。

虽然根据增塑剂对聚氯乙烯的溶解温度、溶度参数、介电常数及相互作用参数等可以预测增塑剂的相容性，但通常还是将加工成的塑化物在一定条件（如压力、温度、湿度及其他作用）下，根据增塑剂的挥发、渗出情况来评价增塑剂的相容性；测定玻璃化温度、伸长率、模量及硬度等性能可用以评价增塑效率；而测定力学性能、脆化温度、耐化学试剂、气候老化、霉菌破坏等性能可用来评估增塑剂的耐久性。

美国、日本及我国等许多国家都研制出许多增塑性能测定方法，并建立相应的标准。我国采用的增塑性能测定方法及标准包括塑料燃烧性能试验方法（氧指数法，GB 2406）、塑料燃烧性能试验方法（水平燃烧法，GB 2408）、塑料邵氏硬度试验方法（GB 2411）、塑料吸水性试验方法（GB 1034）、塑料耐热性（马丁）试验方法（GB 1035）、塑料力学性能试验方法总则（GB 1034）、塑料拉伸试验方法（GB 1041）、塑料冲击试验方法（GB 1043）等。

16. 怎样分析塑化制品中的增塑剂成分？

塑化制品的组成中所含助剂的类型很多，各配方用量也因产品性能要求而有所不同。因而对塑化制品中增塑剂的分析及鉴定是颇为复杂的技术。当塑化制品的聚合物成分也是未知时，这时应先对聚合物进行定性鉴别，所用的方法有燃烧法、溶解法及红外光谱法等。如用溶剂萃取法除去助剂组分后，用溴化钾压片制样等方法制样，再用红外光谱法判别是哪一种聚合物。

在已知塑化制品中的聚合物是的情况下，分析增塑剂成分的一般程序是：从样品中分离出增塑剂→定性分析（确定增塑剂种类、品名）→定量分析。

17. 怎样从塑化制品中分离出增塑剂？

从已知聚合物成分的塑化制品的样品分离增塑剂的方法有溶解法和溶剂萃取法等方法。

（1）溶解法。如将聚氯乙烯样品先用四氢呋喃等溶剂溶解，将不溶解的填充剂和颜料等用离心机分离除去。然后，在搅拌下逐滴加入热甲醇(或乙醇)使聚合物沉淀。滤出聚合物后，收集滤液，经蒸出其中的溶剂后就可分离出增塑剂。如分离得到的聚合物的红外光谱图上没有酯基吸收峰，表明酯类增塑剂已基本上完全被分离出来。

（2）溶剂萃取法。该方法是用甲醇、乙醇、己烷及四氯化碳等单一溶剂或混合溶剂将增塑剂直接从聚氯乙烯中萃取出来。萃取出的增塑剂经蒸除溶剂后，用称重法计算增塑剂总量，再用氯仿将称重后的增塑剂定量转移至容量瓶中并稀释至刻度，然后用气相色谱法测定增塑剂单体的含量。

对于聚氯乙烯增塑糊料，一般是先用溶剂稀释，将稀释后的沉淀物滤除，再蒸出溶剂即可分离出增塑剂。

18. 怎样对分离出的增塑剂进行分析鉴定？

由于塑化制品所用增塑剂种类很多，性质各异，因此很难制定出能满足所有增塑剂分析鉴定的通用方法。通常在定量分析之前，先对增塑剂进行定性分析。

增塑剂定性分析方法有化学物理分析、元素分析、红外吸收光谱法、薄层色谱法等。通过这些分析方法，可检测出增塑剂的一些物性常数及元素组成，大体推断出增塑剂的类型及组成。

增塑剂的定量分析方法有萃取-称重法、萃取-红外光谱法、紫外光谱法及气相色谱法等。特别是气相色谱法可对混合增塑剂样品进行定量分析，只要选择好色谱分离条件，使各组分有效分离就可进行定量测定。

三、苯二甲酸酯类增塑剂

1. 苯二甲酸酯类增塑剂分为哪些类型?

苯二甲酸酯是一类高沸点的酯类化合物,按化学结构不同,苯二甲酸酯可分为邻苯二甲酸酯、间苯二甲酸酯及对苯二甲酸酯。用作增塑剂的主要是邻苯二甲酸酯及对苯二甲酸酯。其中,又以邻苯二甲酸酯类应用最广、品种多而产量大;对苯二甲酸酯作为聚氯乙烯的增塑剂,最近也引起人们的注意。一般对苯二甲酸酯为结晶状固体,与聚氯乙烯也不相容,但具有一定支链的 C_8—C_9 醇的对苯二甲酸酯是液体,且与聚氯乙烯树脂相容,与对应的邻苯二甲酸酯相比,其挥发性低,低温性、增塑糊黏度及黏度稳定性、电性能均较好,代表性的产品是对苯二甲酸二辛酯。

2. 邻苯二甲酸酯类为什么是应用最广的一类增塑剂?

邻苯二甲酸酯早在 19 世纪 30 年代由美国古德里奇(Goodrich)公司将其用于聚氯乙烯树脂。由于邻苯二甲酸酯具有最理想的工作特性,具有色泽浅、挥发性小、气味低、电性能好、耐低温及毒性小等特点,而且因其与聚氯乙烯相容性好、增塑效率高、生产工艺简单、原料来源广泛、成本低廉,成为增塑剂产品中产量最大、用途最广的聚氯乙烯用主增塑剂。目前,邻苯二甲酸酯的产量占增塑剂总产量的 80% 左右,既是通用型增塑剂,也常用作增塑制品等的主增塑剂。

3. 邻苯二甲酸酯类增塑剂有哪些系列产品?

邻苯二甲酸酯是以各种醇与邻苯二甲酸酐经酯化反应制得。因此,邻苯二甲酸酯中因含醇的成分不同,可制得品种繁多的邻苯二甲酸酯同系物,如低碳醇酯、高碳醇酯、直链醇酯、侧链醇酯、单一醇酯、混合醇酯、烷基醇酯、二元醇酯及多元醇酯等。

习惯上称 C_5 以下的醇为低碳醇酯,属于这类的增塑剂有邻苯二甲酸二甲酯、邻苯二甲酸二乙酯及邻苯二甲酸二丁酯等。

习惯上将 C_5 以上的醇称为高碳醇酯。高碳醇酯是由带侧链和不带侧链的醇生成的酯,如邻苯二甲酸二庚酯、邻苯二甲酸二辛酯、邻苯二甲酸二异辛酯、邻苯二甲酸二异癸酯、邻苯二甲酸二(十三)酯等。

直链醇酯,如邻苯二甲酸 610 酯、邻苯二甲酸 810 酯。它们是以正构醇酯为主体,具有挥发性低、耐热及耐寒性好等特点。

侧链醇酯,如邻苯二甲酸二(2-乙基己酯)、邻苯二甲酸二异壬酯、邻苯二甲酸二异癸酯、邻苯二甲酸双十六烷酯等。一般来说,醇的主链越短,侧链越多或越长,其增塑效率则越差。

混合醇酯，如邻苯二甲酸丁苄酯、邻苯二甲酸丁辛酯等。一般混合醇酯比单一醇酯的挥发性低、溶解力强、凝胶性能好，可以吸收较大量的填充剂。

用邻苯二甲酸酐生产的增塑剂有二元醇酯、多元醇酯等。如邻苯二甲酸二芳基酯是一种二元醇酯，丁基邻苯二甲酰基乙醇酸丁酯(BPBG)是一种邻苯二甲酸三元醇酯。

4. 邻苯二甲酸酯类增塑剂的通用生产工艺是怎样的?

邻苯二甲酸酯类增塑剂通用生产工艺常是由以下几个步骤组成:

(1)酯化。是邻苯二甲酸酐(苯酐)与相应的醇在催化剂作用下经酯化反应生成邻苯二甲酸酯的过程，是生产的关键工序。通常反应分两步进行。

第一步是苯酐与醇生成单酯酸的反应:

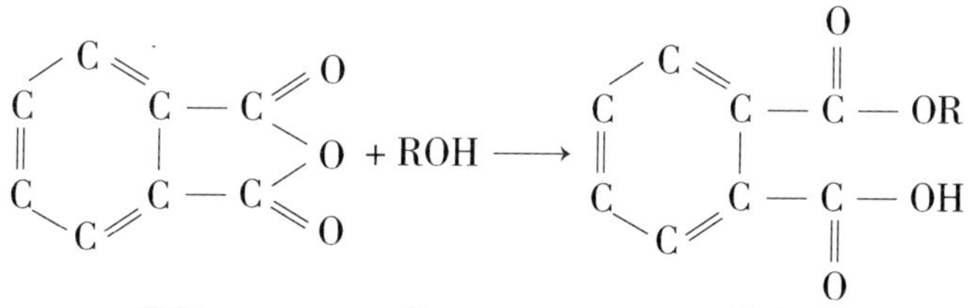

该反应温度一般为130℃，不用催化剂，反应进行得很快，是一个放热反应。

第二步是单酯酸与醇生成双酯的反应:

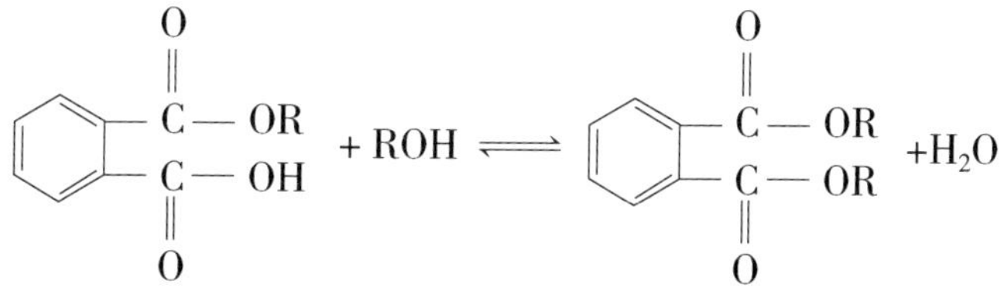

该反应为可逆反应，反应进行得很慢，需加入催化剂，反应温度因所用醇不同而异，一般为 $200 \sim 240$℃。

酯化工艺因生产规模不同而异，中小企业以间歇酯化为主，大型企业则多采用连续酯化方法。后者工艺操作稳定，原料消耗低、制品质量好，但投资较高。

(2)脱醇。实际生产中因采用过量醇来提高反应物浓度以提高苯酐转化率。反应生成水与醇形成的共沸物，需从系统中脱除，经过脱醇，过量醇可由16%下降至1%以下。

(3)中和水洗。是用氢氧化钠溶液将粗酯中的单酯酸中和为单酯酸盐，然后再将中和生成的单酯钠盐溶于水使其与水分离。同时使催化剂失活并分离出系统，中和温度一般为 $90 \sim 95$℃，水洗温度为95℃左右。

(4)汽提。是在真空(5kPa)及 $130 \sim 170$℃下，直接用蒸汽将中和水洗后的粗酯中所含的少量水和醇进一步脱除。

(5)吸附过滤。用活性炭将粗酯内的色素、可见絮状物杂质吸附在过滤器上一同滤出，过滤后的双酯即为纯净的产品。

（6）醇回收。通过分馏方法将工艺废料中各组分与醇的沸点不同而加以分离。醇送回酯化工序重新利用。

（7）"三废"处理。主要是各工艺排放的废水需经处理或回收利用。

由于各企业的生产规模及经济条件不同，所采用的工序顺序及操作方法会有一定的变化。

5. 邻苯二甲酸甲酯有哪些基本性质？

邻苯二甲酸二甲酯又称增塑剂 DMP、驱蚊油、1，2-苯二甲酸二甲酯，化学式 $C_{10}H_{10}O_4$。结构式：

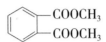

外观为无色透明油状液体，微具芳香味。相对密度 1.188~1.192。沸点 280~282℃。熔点 0~2℃。闪点（开杯）149~157℃。燃点 154℃。黏度 22mPa·s（20℃）。折射率 1.5155（20℃）。不溶于矿物油，微溶于水，溶于甲醇、甲苯、丙酮、乙酸乙酯及四氯化碳等溶剂，与乙醇、乙醚混溶。遇碱水解，有很强的溶剂化能力。与大多数聚合物有良好的相容性。低毒，对黏膜及眼睛有刺激性，人体偶尔摄取邻苯二甲酸二甲酯后，会引起血压降低及肠胃不适，在人体内会水解产生甲醇。

6. 邻苯二甲酸二甲酯与聚合物的相容性如何？

邻苯二甲酸二甲酯与聚氯乙烯、乙酸纤维素、乙酸丁酸纤维素、乙基纤维素、氯化橡胶、氯乙烯-乙酸乙烯酯共聚物及氯乙酸乙烯酯等聚合物有良好相容性，见表3-1。

表3-1　邻苯二甲酸二酯与聚合物的相容性

聚合物	聚合物：增塑剂		
	1：1	4：1	9：1
聚氯乙烯	微相容	微相容	微相容
乙酸纤维素	相容	相容	相容
乙酸丁酸纤维素	相容	相容	相容
硝酸纤维素	相容	相容	相容
乙基纤维素	相容	相容	相容
氯化橡胶	相容	相容	相容
氯乙烯-乙酸乙烯酯共聚物	相容	相容	相容
氯乙酸乙烯酯	相容	相容	相容

7. 邻苯二甲酸二甲酯是怎样制造的？

用甲醇与邻苯二甲酸酐直接酯化可制得相应的邻苯二甲酸二甲酯，反应式：

制备时按配比将邻苯二甲酸酐与稍过量的甲醇加入反应釜混合，在硫酸催化剂或 D72 型阳离子树脂催化剂存在下加热回流酯化，酯化工艺有间歇法和连续法两种。反应结束后，粗酯用碱中和、水洗、蒸馏得成品，并回收甲醇返回作原料使用。

8. 邻苯二甲酸二甲酯有哪些用途？

用作天然橡胶、合成橡胶、纤维素树脂、乙烯基树脂等的增塑剂、溶剂，有优良的成膜性、黏着性及防水性，热稳定性也较高。但本品低温下易结晶，挥发性大，制成的薄膜易脆化，故常与邻苯二甲酸二乙酯并用，用于制造乙酸纤维素膜、清漆、透明纸、模塑粉及层压玻璃等。与邻苯二甲酸二丁酯、磷酸三苯酯等增塑剂并用也可获得良好效果。用于聚乙酸乙烯酯乳液可提高乳液的快速黏合力，并使其在低温时有良好的聚结性。邻苯二甲酸二甲酯与聚砜有良好的相容性，可改善聚砜薄膜的柔软性。用作橡胶增塑剂时，可提高胶料的可塑度，尤其适用于丁腈橡胶及氯丁橡胶，还可用作食品包装材料无毒黏合剂中的增塑剂。在炸药和无烟火药中用作凝胶剂，还可用作工业导热液、香料的溶剂。用作防蚊油及驱避剂时，对蚊、白蚁、库蠓及蚋等吸血昆虫有驱避作用。

9. 邻苯二甲酸二乙酯有哪些基本性质？

邻苯二甲酸二乙酯又称增塑剂 DEP、苯乙酯油、1，2-苯二甲酸二乙酯。化学式 $C_{12}H_{14}O_4$。结构式：

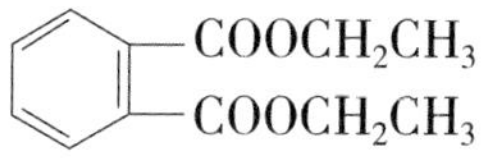

外观为无色透明油状液体。微具芳香气味，有苦涩味。相对密度 1.1175。沸点 298℃。熔点-40℃。闪点（开杯）152℃。燃点 155℃。黏度 21mPa·s（20℃）。折射率 1.4990（25℃）。微溶于水，易溶于乙醇、乙醚、苯、丙酮及油类等有机溶剂。与脂肪烃仅部分相溶。与聚氯乙烯、聚苯乙烯、聚甲基丙烯酸甲酯、纤维素树脂、聚乙烯醇缩丁醛、聚乙酸乙烯酯等聚合物有良好的相容性。挥发性较大，毒性较低，可用于接触食品的制品。

10. 邻苯二甲酸二乙酯是怎样制造的？

以乙醇及邻苯二甲酸酐为原料，硫酸为催化剂，乙醇过量作为带水剂，在乙醇回流温度下进行酯化。粗酯经中和、水洗、蒸馏而制得成品，反应式：

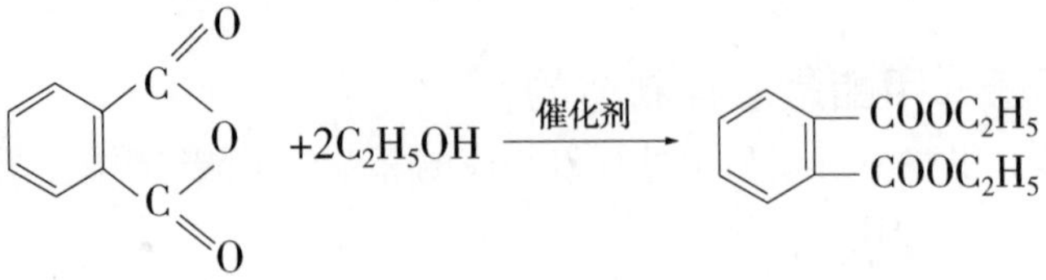

酯化工艺有间歇法和连续法。为了避免使用硫酸催化剂产生的腐蚀，可以选择固体酸 $FeCl_3$ 作催化剂，由邻苯二甲酸酐和乙醇直接酯化合成邻苯二甲酸二乙酯。固体酸催化合成邻苯二甲酸二乙酯的最佳反应条件为：邻苯二甲酸酐：乙醇（物质的量比）＝1：1.5，酯化反应温度150~180℃，反应时间1~2h。

11. 邻苯二甲酸二乙酯有哪些用途？

用作聚氯乙烯、聚乙酸乙烯酯、醇酸树脂、乙酸纤维素、氯丁橡胶等聚合物的增塑剂。尤多用于纤维素树脂，制品的低温柔软性及耐久性优于邻苯二甲酸二甲酯增塑剂。用作乙酸纤维素增塑剂时，可得到耐光性、强韧性优良的无臭味赛璐珞制品。但其热挥发性较大、耐久性较差，故只用于一般性制品，如人造革、地板及薄膜等。也可用作天然和合成橡胶、油漆、印刷油墨、胶黏剂等的增塑剂，酒精变性剂，以及染料、杀虫剂、香料的溶剂和织物润滑剂。还可用作提高聚乙酸乙烯酯胶黏剂黏结力的增黏剂。

12. 邻苯二甲酸二丁酯有哪些基本性质？

邻苯二甲酸二丁酯又称邻苯二甲酸二正丁酯、增塑剂 DBP、1,2-苯二甲酸二丁酯。化学式 $C_{16}H_{22}O_4$。结构式：

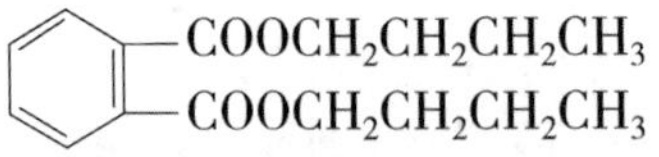

外观为无色透明油状液体，微具芳香气味。可燃，相对密度 1.042~1.049（25℃）。沸点340℃。熔点-35~-40℃。闪点（开杯）171℃。燃点202℃。黏度16.3mPa·s（25℃）。折射率1.4921（20℃）。挥发度0.98mg/（cm²·h）（100℃）。微溶于水，易溶于乙醇、乙醚、苯及油类等有机溶剂。与聚氯乙烯、纤维素树脂等许多聚合物有较好的相容性，也具有优良的溶解性、分散性及黏着性。在高温下能分解成苯二甲酸酐及丁烯。低毒，可用于接触食品的制品，邻苯二甲酸二丁酯雾对黏膜有刺激作用，吸入其烟雾或飞沫对人体有害。

13. 邻苯二甲酸二丁酯与聚合物的相容性如何？

邻苯二甲酸二丁酯与聚氯乙烯、纤维素树脂、聚苯乙烯、氯化橡胶等许多聚合物有良好的相容性，见表3-2。

表 3-2 邻苯二甲酸二丁酯与聚合物的相容性

聚合物	聚合物：增塑剂		
	1：1	4：1	9：1
聚氯乙烯	相容	相容	相容
乙酸纤维素	不相容	不相容	不相容
乙酸丁酸纤维素	不相容	部分相容	相容
乙基纤维素	相容	相容	相容
硝酸纤维素	相容	相容	相容
聚苯乙烯	部分相容	相容	相容
聚乙烯醇缩丁醛	相容	相容	相容
聚氯乙烯-乙酸乙烯酯共聚物	相容	相容	相容
氯化橡胶	相容	相容	相容

14. 邻苯二甲酸二丁酯有哪些用途？

邻苯二甲酸二丁酯具有很强的溶解能力、优良的增塑性能，是目前应用最广的增塑剂品种之一，其用量仅次于邻苯二甲酸二辛酯，可在许多领域应用，能用作聚氯乙烯、纤维素树脂、聚乙酸乙烯酯、醇酸树脂、聚氯乙烯-偏二氯乙烯共聚物及氯丁橡胶的增塑剂。尤多用作聚氯乙烯及纤维素树脂等的主增塑剂。它与天然及合成橡胶、氯化橡胶及醇酸树脂相容，可提高橡胶制品弹性、冲击强度、撕裂强度及抗弯性能。也可用作油漆、油墨、胶黏剂等的增塑剂。用于聚乙酸乙烯酯，可提高产品的柔软性和黏性。由于邻苯二甲酸二丁酯的热挥发性及油抽出性较大，耐久性较差，故多用于鞋类、人造革及地板等制品。除用作增塑剂外，邻苯二甲酸二丁酯还广泛用作染料、香料及杀虫剂的溶剂，织物润滑剂，动物胶、淀粉水溶液的消泡剂，无烟火药的添加剂，牙科黏合剂等。

15. 邻苯二甲酸二丁酯是怎样制造的？

邻苯二甲酸二丁酯的一般制法是由邻苯二甲酸酐和正丁醇在硫酸催化剂作用下进行酯化，然后经中和、水洗、分离而制得，反应式：

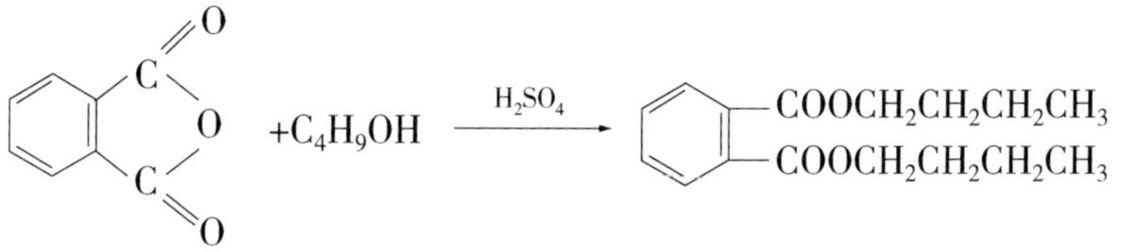

其酯化工艺有间歇法及连续法。用硫酸作催化剂的制备技术，工艺成熟，产品收率较高，但易引起副反应，同时存在腐蚀严重、"三废"污染及产品质量难以控制等缺点。

16. 邻苯二甲酸二丁酯的改进生产工艺有哪些？

为克服硫酸法生产的缺点，邻苯二甲酸二丁酯的改进生产工艺主要有：

（1）用对甲苯磺酸作催化剂。对甲苯磺酸是一种价廉易得的有机强酸，其副反应和腐蚀性比硫酸小。如当邻苯二甲酸酐、正丁醇和对甲苯磺酸的物质的量的比为 1∶4∶0.05 时，控制适宜的反应条件，酯化率可达 98%。

（2）用复合稀土氧化铝/沸石分子筛作催化剂。该催化剂活性高、选择性好，可克服浓硫酸作催化剂的许多弊端，其转化率与硫酸催化剂时相近，但副产物少、酯收率高。

（3）用固体酸氨基磺酸作催化剂。采用该催化剂，邻苯二甲酸二丁酯产率达 99%，而且操作简便，催化剂可重复使用，不需后处理。

（4）用大孔强酸性阳离子树脂作催化剂。采用该催化剂，当醇与酸酐比为 4.0∶1 时，催化剂用量 2.0%，反应温度 140~150℃，酯产率可达 90%，是一种清洁生产工艺。

17. 邻苯二甲酸二异丁酯有哪些基本性质？

邻苯二甲酸二异丁酯又称 1，2-苯二甲酸二异丁酯，简称 DIBP。化学式 $C_{16}H_{22}O_4$。结构式：

$$\text{—COOCH}_2\text{CH(CH}_3)_2$$
$$\text{—COOCH}_2\text{CH(CH}_3)_2$$

外观为无色透明液体，微具芳香气味。相对密度 1.040。沸点 327℃。熔点 -50℃。闪点（开杯）174℃。燃点 184℃。黏度 30mPa·s（20℃）。折射率 1.4900（25℃）。微溶于水，溶于乙醇、苯、丙酮、乙酸乙酯等溶剂。沸水中煮沸 96h，水解 0.022%。与聚氯乙烯、纤维素树脂、聚乙酸乙烯酯等聚合物等相容性好。对皮肤有刺激及过敏反应。低毒，可用于食品包装材料。

18. 邻苯二甲酸二异丁酯有哪些用途？

邻苯二甲酸二异丁酯与聚氯乙烯、乙基纤维素、乙酸丁酸纤维素、硝基纤维素、聚乙酸乙烯酯、聚乙烯醇缩丁醛、聚苯乙烯、聚甲基丙烯酸甲酯等聚合物都有较好的相容性。因而可部分代替邻苯二甲酸二丁酯作增塑剂使用，但增塑效益稍差。用作乙烯基树脂、氯化橡胶及丁腈橡胶增塑剂时，增塑性能与邻苯二甲酸二丁酯相似。它也是硝酸纤维素、聚乙酸乙烯酯乳胶漆的良好增塑剂，可以替代邻苯二甲酸二丁酯而不影响漆的性能，用于乙基纤维素、乙酸丁酸纤维素、氯化橡胶可生产耐油耐水的防污涂料。本品有良好的耐光耐热性能，色泽浅，适合于生产浅色制品，因本品对农作物有毒害作用，不适宜用于聚氯乙烯农用薄膜。

19. 邻苯二甲酸二异丁酯是怎样制造的？

邻苯二甲酸二异丁酯是在硫酸催化下，由邻苯二甲酸酐与异丁醇发生二次酯化得到的，反应式：

$$+2(CH_3)_2CHCH_2OH \xrightarrow{H_2SO_4} \quad \text{—COOCH}_2\text{CH(CH}_3)_2 \quad \text{—COOCH}_2\text{CH(CH}_3)_2 \quad +H_2O$$

操作时，按比例将邻苯二甲酸酐与异丁醇投入反应釜，在催化剂作用下加热回流酯化。反应结束后回收异丁醇，粗酯经中和、水洗、蒸馏得到成品。

为了避免硫酸产生的腐蚀问题，改进的生产工艺是采用杂多酸代替硫酸作催化剂，使邻苯二甲酸酐与异丁醇经直接酯化，再经减压蒸馏制取邻苯二甲酸二异丁酯。此外，还有采用强酸性阳离子交换树脂、分子筛、固体超强酸作催化剂的清洁生产工艺路线。

20. 邻苯二甲酸二庚酯有哪些基本性质？

邻苯二甲酸二庚酯又称增塑剂 DHP、1，2-苯二甲酸二庚酯。化学式 $C_{22}H_{34}O_4$。结构式：

$$\text{苯环} \begin{array}{l} COOC_7H_{15} \\ COOC_7H_{15} \end{array}$$

外观为无色淡黄色油状液体。相对密度 0.992～0.995。沸点 235～240℃（1.33kPa）。熔点 -46℃。闪点 225℃。折射率 1.4850（25℃）。难溶于水，溶于苯、丙酮、甲苯、乙酸乙酯及矿物油等溶剂。其加工性能与邻苯二甲酸二辛酯相似，由于黏度较低，与树脂的相容性及加工性、润滑性好，增塑效率高。低毒，可用于制作食品包装材料。

21. 邻苯二甲酸二庚酯有哪些用途？

可用作聚氯乙烯的主增塑剂，制品的透明性及光泽性好。与邻苯二甲酸二辛酯相比，本品的挥发性及水抽出性较大，但胶黏性、增塑效率、加工性能及柔软性较好，且价格较低，可作为邻苯二甲酸二辛酯及邻苯二甲酸二丁酯的代用品，用于制造软管、薄膜及人造革，但不能用于制造农用薄膜及电线包皮。

22. 邻苯二甲酸二庚酯是怎样制造的？

（1）以邻苯二甲酸酐和庚醇为原料，以硫酸为催化剂，经酯化反应制得，反应式：

$$\text{(邻苯二甲酸酐)} + 2C_7H_{15}OH \xrightarrow{H_2SO_4} \text{苯环} \begin{array}{l} COOC_7H_{15} \\ COOC_7H_{15} \end{array} + H_2O$$

生成的粗酯经中和、脱醇、压滤等后处理得到的成品，配料比一般为邻苯二甲酸酐∶庚酯＝1∶2，硫酸为总物料的 0.5%。

（2）以固体超强酸为催化剂，反应物邻苯二甲酸酐与庚醇的质量比为 100∶200，催化剂量为 0.6g，反应时间 3h，邻苯二甲酸二庚酯的产率可达到 95.5%。该方法可避免硫酸所产生的腐蚀问题，而且催化剂可以重复使用。

23. 邻苯二甲酸二辛酯有哪些基本性质？

邻苯二甲酸二辛酯又称邻苯二甲酸二(2-乙基己基)酯、增塑剂 DOP、1，2-苯二甲酸二辛酯。化学式 $C_{24}H_{38}O_4$。结构式：

$$\begin{array}{c} \text{COOC}_8\text{H}_{17} \\ \text{COOC}_8\text{H}_{17} \end{array}$$

外观为无色透明油状液体，有特殊气味。相对密度 0.9861（25℃）。沸点 386℃（0.1MPa）。熔点-55℃。闪点（开杯）219℃。燃点 241℃。折射率 1.4820（25℃）。挥发度 0.0206mg/（cm²·h）（100℃）。黏度 80mPa·s（20℃）。不溶于水、甘油、乙二醇及某些胺类，溶于大多数有机溶剂及烃类。在酸及碱作用下，能与水发生水解反应生成邻苯二甲酸及辛醇，高温下分解成苯酐及烯烃，与聚氯乙烯、聚苯乙烯等聚合物有较好相容性。低毒，允许用于接触食品（脂肪性食品除外）的制品。

24. 邻苯二甲酸二辛酯与聚合物的相容性如何？

邻苯二甲酸二辛酯与聚氯乙烯、纤维素树脂等聚合物有良好的相容性，与聚乙酸乙烯酯、聚乙烯醇缩丁酯部分相容，见表3-3。

表 3-3　邻苯二甲酸二辛酯与聚合物的相容性

聚合物	聚合物：增塑剂		
	1：1	4：1	9：1
聚氯乙烯	相容	相容	相容
硝酸纤维素	相容	相容	相容
乙基纤维素	相容	相容	相容
乙酸丁酸纤维素	相容	部分相容	相容
乙酸纤维素	不相容	不相容	不相容
聚苯乙烯	部分相容	部分相容	相容
聚乙烯醇缩丁醛	部分相容	部分相容	相容
氯化橡胶	相容	相容	相容
聚氯乙烯-乙酸乙烯酯	相容	相容	相容

25. 邻苯二甲酸二辛酯有哪些用途？

邻苯二甲酸二辛酯是塑料加工中使用最广泛的通用型增塑剂及主增塑剂，具有增塑效率高、挥发性低、迁移性小、耐热及耐候性好、综合性能强等特点，广泛用于聚氯乙烯、氯乙烯共聚物、纤维素树脂的加工，制造薄膜、薄板、电线电缆、模塑品、食品包装材料及医用血袋等。也是聚氯乙烯通用增塑剂的工业标准品，用作与其他增塑剂相比较的标准。用邻苯二甲酸二辛酯增塑的树脂或橡胶，可制作汽车门窗封条及内装饰材料、靠背等；聚乙烯被增塑后可用于制作微孔膜；也用作聚甲基丙烯酸甲酯、磺化聚苯乙烯、合成胶黏剂及密封胶、涂料及油墨等的增塑剂，如用作反光路标涂料、设备防护涂料、防禽兽侵袭涂料等。

26. 邻苯二甲酸二辛酯是怎样制造的？

邻苯二甲酸二辛酯是以 2-乙基己醇及邻苯二甲酸酐为原料，在催化剂存在下，经酯化反应制得，反应式：

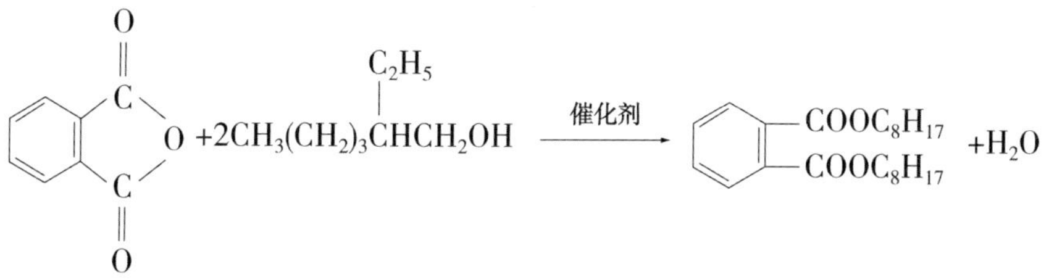

$$\text{（邻苯二甲酸酐）} + 2CH_3(CH_2)_3\overset{\overset{\displaystyle C_2H_5}{|}}{C}HCH_2OH \xrightarrow{\text{催化剂}} \text{（苯环）}\begin{matrix}COOC_8H_{17}\\COOC_8H_{17}\end{matrix} + H_2O$$

其生产工艺有间歇法及连续法两类。而按所用催化剂不同，分为酸性催化剂和非酸性催化剂两种工艺。

（1）酸性催化剂生产工艺。以硫酸为催化剂，由酯化、中和、水性、脱醇及精制等步骤制得。硫酸催化剂的活性高、价格便宜，但因硫酸具有强氧化性和脱水性，设备腐蚀严重，副反应多，影响产品质量。

（2）非酸性催化剂生产工艺。所用催化剂有钛、铝、锡化合物，常用的有钛酸四烃酯、氢氧化铝复合物、氧化亚锡与草酸亚锡等。可采用间歇法及连续化工艺。与硫酸法相比较，采用非酸性催化剂的酯化效率高、物料消耗少、工艺废水少、设备腐蚀性小，而且产品内在质量高，尤其在绝缘性和热稳定性方面有明显优点。

27. 邻苯二甲酸二异辛酯有哪些基本性质？

邻苯二甲酸二异辛酯又称增塑剂 DIOP、1，2-苯二甲酸二异辛酯。化学式 $C_{24}H_{38}O_4$。结构式：

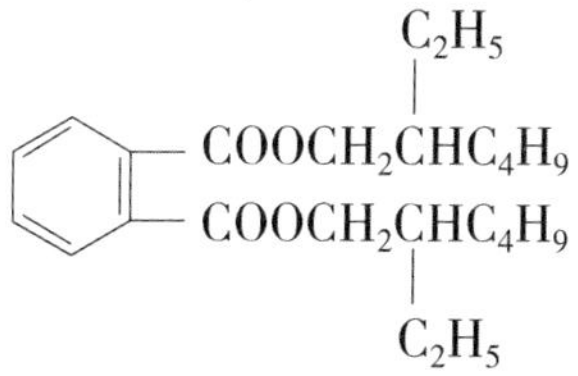

$$\begin{matrix} & C_2H_5 \\ & | \\ COOCH_2CHC_4H_9 \\ COOCH_2CHC_4H_9 \\ & | \\ & C_2H_5 \end{matrix}$$

外观为无色微透明液体，微具气味。相对密度 0.987。沸点 229℃（0.667kPa）。熔点 -45℃。闪点（开杯）219℃。燃点 246℃。折射率 1.4840（25℃）。黏度 83mPa·s（20℃）。不溶于水，溶于乙醇、丙酮、苯、汽油、矿物油等，难溶于甘油、乙二醇。与大多数聚合物有较好相容性。有良好的热稳定性，耐水解、耐紫外线，挥发性及凝胶温度较低。可燃，低毒，可用于食品包装材料。

28. 邻苯二甲酸二异辛酯与聚合物的相容性如何？

邻苯二甲酸二异辛酯与聚氯乙烯有良好的相容性，它与聚合物的相容性见表3-4。

表3-4　邻苯二甲酸二异辛酯与聚合物的相容性

聚合物	聚合物∶增塑剂		
	1∶1	4∶1	9∶1
聚氯乙烯	相容	相容	相容

聚合物	聚合物∶增塑剂		
	1∶1	4∶1	9∶1
氯乙烯-乙酸乙烯酯共聚物	相容	相容	相容
乙基纤维素	相容	相容	相容
硝酸纤维素	相容	相容	相容
乙酸丁酸纤维素	不相容	不相容	相容
乙酸纤维素	不相容	不相容	不相容
聚乙烯醇缩丁醛	部分相容	部分相容	相容
聚苯乙烯	部分相容	部分相容	相容
氯化橡胶	相容	相容	相容

29. 邻苯二甲酸二异辛酯有哪些用途?

邻苯二甲酸二异辛酯是邻苯二甲酸二辛酯的同分异构体,两者某些性质有些相近,增塑效率相同。但邻苯二甲酸二异辛酯的耐寒性、耐候性、耐挥发性及对增塑糊黏度的稳定性比邻苯二甲酸二辛酯好,可用作聚氯乙烯、氯乙烯共聚物、纤维素树脂及合成橡胶的主增塑剂,因其黏性好,也是增塑糊制品的优良增塑剂,可用于制造电线电缆、薄膜、片材、挤塑品等,但因电绝缘性稍差、价格较高,其应用受到限制。

30. 邻苯二甲酸二仲辛酯有哪些基本性质?

邻苯二甲酸二仲辛酯又称增塑剂 DCP、1,2-苯二甲酸二仲辛酯。化学式 $C_{24}H_{38}O_4$。结构式:

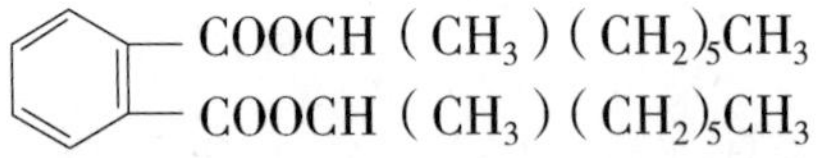

$$
\begin{array}{l}
-COOCH(CH_3)(CH_2)_5CH_3 \\
-COOCH(CH_3)(CH_2)_5CH_3
\end{array}
$$

外观为无色或淡黄色黏稠状透明液体。相对密度 0.966。沸点 235℃(0.667kPa)。熔点 -60℃。闪点(开杯)213℃。燃点 230℃。折射率 1.4848(25℃)。黏度 71mPa·s(20℃)。难溶于水,溶于多数有机溶剂,也溶于与涂料相容的溶液和稀释液。低毒,可用于食品包装材料。

31. 邻苯二甲酸二仲辛酯与聚合物的相容性如何?

邻苯二甲酸二仲辛酯与聚氯乙烯等聚合物的相容性见表3-5。

表3-5 邻苯二甲酸二仲辛酯与聚合物的相容性

聚合物	聚合物∶增塑剂		
	1∶1	4∶1	9∶1
聚氯乙烯	相容	相容	相容

续表

聚合物	聚合物：增塑剂		
	1：1	4：1	9：1
氯乙烯-乙酸乙烯共聚物	相容	相容	相容
硝酸纤维素	相容	相容	相容
乙基纤维素	相容	相容	相容
乙酸丁酸纤维素	不相容	不相容	相容
乙酸纤维素	不相容	不相容	不相容
聚乙烯醇缩丁醛	部分相容	部分相容	相容
聚苯乙烯	部分相容	部分相容	相容
氯化橡胶	相容	相容	相容

32. 邻苯二甲酸二仲辛酯有哪些用途？

邻苯二甲酸二仲辛酯是邻苯二甲酸二辛酯的同分异构体。两者的性质相近，邻苯二甲酸二仲辛酯与聚氯乙烯、乙基纤维素、氯化橡胶及丁腈橡胶等聚合物有较好相容性。而与乙酸纤维素、聚乙酸乙烯酯等的相容性差。本品有较好的耐光性、耐候性及耐热性，但增塑效率、耐汽油抽出性较低，色泽较深，可用作邻苯二甲酸二辛酯的代用品，特别适用于增塑糊中，糊的凝胶和塑化速度都较好。用其配制的凝胶涂漆，50℃时流动性很好，而且清亮，冷却至室温时可形成坚硬而清亮的凝胶，适于制造不产生褶皱的厚层涂料漆。还可用作电缆料及其他塑料的增塑剂。

33. 邻苯二甲酸二壬酯有哪些基本性质？

邻苯二甲酸二壬酯又称 1，2-苯二甲酸二壬酯、简称 DNP。化学式 $C_{26}H_{42}O_4$。结构式：

$$\text{苯环} \begin{array}{l} \text{—COOC}_9\text{C}_{19} \\ \text{—COOC}_9\text{C}_{19} \end{array}$$

外观为无色或淡黄色液体。相对密度 0.979（25℃）。沸点 230~238℃（0.667kPa）。熔点低于-25℃。闪点（开杯）203℃。折射率 1.4805~1.4825（25℃）。黏度 78~120mPa·s（20℃）。不溶于水，与乙醇、乙醚、苯、丙酮等多数有机溶剂混溶，与聚氯乙烯、聚苯乙烯、氯乙烯-乙酸乙烯酯共聚物相容性好，与聚乙酸乙烯酯、聚乙烯醇缩丁醛等部分相容，与聚甲基丙烯酸甲酯、乙酸纤维素等不相容。低毒，可用于食品包装材料。

邻苯二甲酸二壬酯可在催化剂存在下，由邻苯二甲酸酐与壬醇经酯化反应制得粗酯后，再经精制而得。

34. 邻苯二甲酸二壬酯有哪些用途？

主要用作乙烯基树脂的通用型增塑剂，且有挥发性低、迁移性小，能赋予制品良好的耐热性、耐光性、耐老化性及电绝缘性等特点。本品的耐水抽出性比邻苯二甲酸二辛酯好，但增塑效率不及邻苯二甲酸二辛酯，耐寒性也较差，不适用于低温用制品。此外，本品也可用作纤维素树脂及丁腈橡胶的增塑剂。

35. 邻苯二甲酸二异壬酯有哪些主要性质？

邻苯二甲酸二异壬酯又称 1，2-苯二甲酸二异壬酯，简称 DINP。化学式 $C_{26}H_{42}O_4$，结构式：

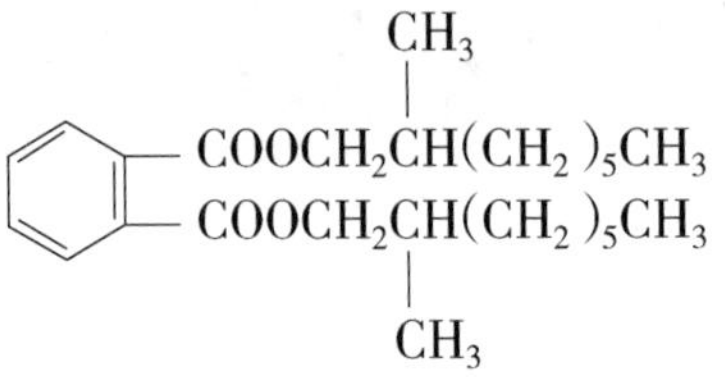

$$\text{苯环} - \begin{array}{l} COOCH_2CH(CH_2)_5CH_3 \\ COOCH_2CH(CH_2)_5CH_3 \end{array}$$
（侧链含 CH_3 支链）

外观为无色透明油状液体，微有气味。相对密度 0.973~0.977（25℃）。沸点 403℃。闪点（开杯）228℃。折射率 1.484~1.488（20℃）。黏度 78~82mPa·s（20℃）。不溶于水，溶于苯、丙酮、汽油等多数有机溶剂。与聚氯乙烯、聚苯乙烯、氯乙烯-乙酸乙烯酯共聚物相容；与聚乙烯醇缩丁醛、聚乙酸乙烯酯、乙酸丁酸纤维素、硝酸纤维素部分相容；与乙酸纤维素、乙基纤维素、聚甲基丙烯酸甲酯等不相容。毒性很低，可用于食品包装材料。

36. 邻苯二甲酸二异壬酯有哪些用途？

邻苯二甲酸二异壬酯的工业品是含有 100 多种带侧链的烷基结构不同、比例不清的异构体，因此用作增塑剂的邻苯二甲酸二异壬酯是一种分子中有不同长度和不同数量侧链的混合酯，一般是由合成法制得的 C_9 醇与邻苯二甲酸酐经酯化反应制得，它与聚氯乙烯相容性好；挥发性低，迁移性小，对热和光稳定，黏度低，生产方法简单，原料来源广泛，已成为增塑剂一大品种。广泛用作乙烯基树脂、纤维素树脂及丁腈橡胶的通用型增塑剂。用于聚氯乙烯，能赋予制品良好的耐光、耐热、耐老化及电绝缘性能，但本品的低温性能比邻苯二甲酸二辛酯稍差，不宜用于低温制品。也可用作天然橡胶、乙丙橡胶的增塑剂及软化剂。还可用于制造减震涂料、牙齿胶黏剂及氟化物释放剂等。

37. 邻苯二甲酸二癸酯有哪些基本性质？

邻苯二甲酸二癸酯又称 1，2-苯二甲酸二癸酯、简称 DDP。化学式 $C_{28}H_{46}O_4$。结构式：

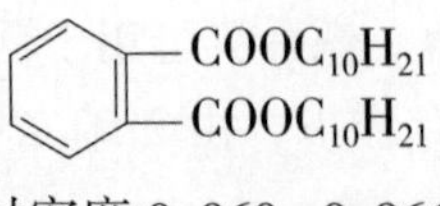

$$\text{苯环} - \begin{array}{l} COOC_{10}H_{21} \\ COOC_{10}H_{21} \end{array}$$

外观为无色或微黄色透明液体。相对密度 0.960~0.966。沸点 249~256℃（0.535kPa）。熔点 -37℃。闪点（开杯）232℃。折射率 1.4835（20℃）。黏度 81~108mPa·s（20℃）。挥发度 0.3%（105℃，24h）。不溶于水，溶于乙醚、苯、丙酮等多数有机溶剂。在实际工业品中，一般无完全直链的邻苯二甲酸二癸酯，而是支链酯的混合物。只是异构体比例有所不同，故商品称呼不一，有的称为邻苯二甲酸二癸酯，有的称为邻苯二甲酸二异癸酯，它们主要是由三甲基庚醇与邻苯二甲酸酐反应制得。

38. 邻苯二甲酸二癸酯与聚合物的相容性如何?

邻苯二甲酸二癸酯与聚合物的相容性见表3-6。

表3-6　邻苯二甲酸二癸酯与聚合物的相容性

聚合物	聚合物：增塑剂		
	1:1	4:1	9:1
聚氯乙烯	相容	相容	相容
氯乙烯-乙酸乙烯酯共聚物	相容	相容	相容
聚乙烯醇缩丁醛	不相容	相容	相容
硝酸纤维素	相容	相容	相容
乙基纤维素	相容	相容	相容
聚苯乙烯	相容	相容	相容
聚甲基丙烯酸甲酯	不相容	相容	相容
氯化橡胶	相容	相容	相容
聚乙酸乙烯酯	不相容	不相容	不相容
乙酸纤维素	不相容	不相容	不相容
乙酸丁酸纤维素(17%丁酰基含量)	不相容	不相容	不相容

39. 邻苯二甲酸二癸酯有哪些用途?

邻苯二甲酸二癸酯比邻苯二甲酸二辛酯的挥发性小，约为后者的1/4，而且耐抽出性好，可用作乙烯基树脂、纤维素树脂的增塑剂，用作氯化橡胶及某些合成橡胶的增塑剂时，可使增塑制品有良好的黏度稳定性。用于环氧树脂时可改善树脂的加工性。用于聚氯乙烯时，制品的耐高温、耐老化性都很好，挠曲强度和动态模量尺寸较好，用其生产的漆，其脆点与用邻苯二甲酸二辛酯生产的漆相同;用其生产的增塑糊初始黏度低，在与高浓度的树脂混合时，不会影响其熔融性质。

40. 邻苯二甲酸二异癸酯有哪些基本性质?

邻苯二甲酸二异癸酯又称1，2-苯二甲酸二异癸酯、增塑剂DIDP。化学式 $C_{28}H_{46}O_4$。结构式:

$$
\begin{array}{l}
\quad\quad\quad\quad\quad\quad CH_3 \\
\quad\quad\quad\quad\quad\quad | \\
COO(CH_2)_7CHCH_3 \\
COO(CH_2)_7CHCH_3 \\
\quad\quad\quad\quad\quad\quad | \\
\quad\quad\quad\quad\quad\quad CH_3
\end{array}
$$

外观为无色或淡黄色黏稠液体。相对密度 0.967。沸点 252～257℃（0.533kPa）。熔点 -50℃。闪点（开杯）232℃。燃点 270℃。折射率 1.4840（25℃）。黏度 138mPa·s（20℃）。难溶于水，微溶于甘油、乙二醇及胺类，溶于乙醇、苯、酮类、酯类、氯代烃等有机溶剂。与聚氯乙烯等聚合物有良好的相容性。可燃，毒性很小，可用于制造食品包装材料。

41. 邻苯二甲酸二异癸酯与聚合物的相容性如何？

邻苯二甲酸二异癸酯与聚氯乙烯等聚合物的相容性见表 3-7。

表 3-7　邻苯二甲酸二异癸酯与聚合物的相容性

聚合物	聚合物：增塑剂		
	1:1	4:1	9:1
聚氯乙烯	相容	相容	相容
氯乙烯-乙酸乙烯酯共聚物	相容	相容	相容
硝酸纤维素	相容	相容	相容
乙基纤维素	相容	相容	相容
聚苯乙烯	部分相容	部分相容	相容
聚乙烯醇缩丁醛	部分相容	部分相容	相容
氯化橡胶	相容	相容	相容
乙酸纤维素	不相容	不相容	不相容
乙酸丁酸纤维素（含乙酰基31%）	不相容	不相容	相容

42. 邻苯二甲酸二异癸酯有哪些用途？

用作聚氯乙烯、聚苯乙烯、硝酸纤维素等的主增塑剂，增塑性能仅次于邻苯二甲酸二辛酯，具有挥发性小、耐迁移性、耐抽出性及电绝缘性好等特点；但因分子量较高，相容性、耐寒性及增塑效率不如邻苯二甲酸二辛酯。用本品增塑的制品，柔软性随温度的变化较小，适用于温度范围较宽的制品，如电线电缆护套、农用薄膜、输送带等。用于增塑糊时，可赋予糊料良好的流动性，长期存放时黏度变化小。用作合成橡胶增塑剂时，对胶料的硫化无影响。本品受热易变色，但与酚类抗氧剂并用可以改善此性能。

43. 邻苯二甲酸二异癸酯是怎样制造的？

邻苯二甲酸二异癸酯在工业上是由邻苯二甲酸酐与异癸醇在硫酸、对甲苯磺酸等酸性催化剂存在下经酯化反应制得。反应式：

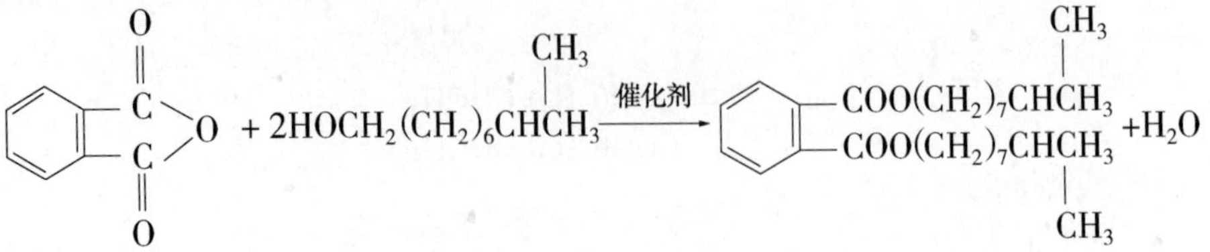

催化剂用量以邻苯二甲酸酐计为 0.2% ~ 0.5%，异癸醇的配比要过量，既为反应原料，又为反应同时水的共沸剂。在 10kPa、150℃ 进行酯化反应。酯化反应一般 2 ~ 8h 即可完成。反应生成的水与异癸醇一起蒸出，经冷凝分水后，异癸醇返回反应器，当反应过程不再产生水，即酯化反应结束，然后将粗酯经碱中和、水洗、蒸馏、脱色、压滤而制得成品。

44. 邻苯二甲酸二(十三)酯有哪些基本性质?

邻苯二甲酸二(十三)酯又称邻苯二甲酸双十三烷酯、1，2-苯二甲酸二(十三)酯，简称 DTDP。化学式 $C_{34}H_{58}O_4$。结构式:

$$\text{苯环}-\begin{array}{l}COOC_{13}H_{27}\\COOC_{13}H_{27}\end{array}$$

外观为透明状黏稠液体。相对密度 0.950 ~ 0.956。沸点 433℃(0.1MPa)。熔点 -35℃。闪点(开杯)243℃。燃点 272℃。折射率 1.4820(25℃)。黏度 225mPa·s(20℃)。不溶于水、乙二醇及山梨糖醇，溶于乙醇、甲苯及石油烃类溶剂。与聚氯乙烯、硝酸纤维素、乙基纤维素、聚乙烯醇缩丁醛等聚合物相容，与聚乙酸乙烯酯、聚甲基丙烯酸甲酯、乙酸纤维素部分相容。有良好的耐高温性、耐霉菌性及电绝缘性能，是由羰基合成的高度侧链的混合 C_{13} 醇与邻苯二甲酸酐为原料经酯化反应制得。

45. 邻苯二甲酸二(十三)酯有哪些用途?

可用作乙烯基树脂、纤维素树脂及合成橡胶等的主增塑剂，其耐挥发性和耐迁移性比邻苯二甲酸二异癸酯好，特别是耐高温性强，适用于高温用(90℃ 或 105℃ 等级)聚氯乙烯电缆料及其他高温用制品。本品耐肥皂水抽出性好，可与聚合型增塑剂比美，而且具有优越的耐菌性。用于聚氯乙烯糊，可赋予糊料有良好的黏度稳定性。用其配制的增塑糊可用于乙烯基泡沫制品、密封垫圈、雨衣、浴室用具、医院床单等。用其增塑的聚苯乙烯有良好的耐表面刮伤性。但因本品分子量较高，与聚合物的相容性较低，影响其广泛使用。此外，本品在加工时有受热变色的现象，需与抗氧剂并用来克服。

46. 邻苯二甲酸二苯酯有哪些主要性质?

邻苯二甲酸二苯酯又称 1，2-苯二甲酸二苯酯，简称 DPP。化学式 $C_{20}H_{14}O_4$。结构式:

$$\text{苯环}-\begin{array}{l}COOC_6H_5\\COOC_6H_5\end{array}$$

外观为白色结晶粉末，熔融后呈黄褐色。相对密度 1.281(25℃)。沸点 225℃(1.9kPa)。熔点 69 ~ 73℃。闪点(开杯)229℃。折射率 1.572(74℃)。不溶于水，溶于醇、苯、酮类、酯类及氯代烃类等溶剂，稍溶于松节油、亚麻油。与聚氯乙烯、聚苯乙烯、聚乙酸乙烯酯、硝酸纤维素等有良好相容性。低毒，用其生产的一般制品可认为无毒。

47. 邻苯二甲酸二苯酯与聚合物的相容性如何？

邻苯二甲酸二苯酯与聚氯乙烯等聚合物的相容性见表 3-8，即在表中所示的聚合物份数与增塑剂份数时，两者是相容的。

表 3-8 邻苯二甲酸二苯酯与聚合物的相容性

聚合物	增塑剂	聚合物	增塑剂
聚合乙烯 100 份	80 份	酚醛树脂 100 份	30 份
硝酸纤维素 100 份	80 份	乙基纤维素 100 份	30 份
聚苯乙烯 100 份	70 份	乙酸纤维素 100 份	少量
氯乙烯乙酸醇 100 份	70 份		

48. 邻苯二甲酸二苯酯有哪些用途？

可作为增塑剂、软化剂，用于聚氯乙烯泡沫塑料、薄膜、涂料及胶黏剂。也可用于丁腈橡胶、丁苯橡胶、乙基纤维素、天然树脂及偏二氯乙烯-丙烯酸共聚物的增塑。用于聚氯乙烯时，可使高温(150~170℃)下的压延和挤塑操作容易进行，但冷却后本品易结晶，使制品变硬，故用量不宜过多；用于硝酸纤维素漆时，可提高漆膜的硬度、光泽、耐候性和耐水性，但常与其他增塑剂并用，以改善其柔软性。

49. 邻苯二甲酸二苯酯是怎样制造的？

邻苯二甲酸二苯酯一般是以邻苯二酰氯与酚反应制取，目前改进为用邻苯二甲酸酐与酚在三乙胺和 $POCl_3$ 存在下反应制得，反应式：

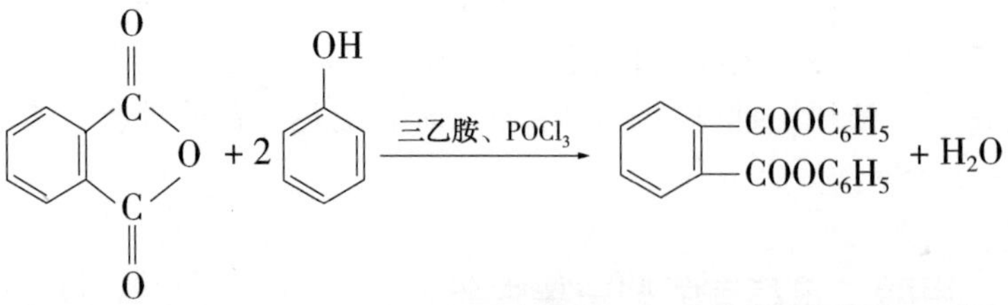

所用催化剂为非浓硫酸酸性复合催化剂，反应温度 110~150℃，反应时间 13~15h，转化率可达 97%~98%。

50. 邻苯二甲酸二环己酯有哪些基本性质？

邻苯二甲酸二环己酯又称 1，2-苯二甲酸二环己酯，简称增塑剂 DCHP。化学式 $C_{20}H_{26}O_4$。结构式：

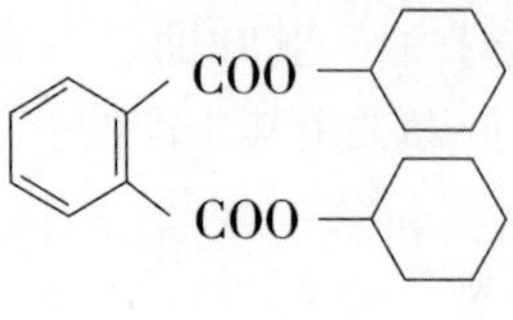

外观为棱柱状白色结晶粉末，微有芳香气味。相对密度 1.148~1.290。沸点 220~228℃（101.3kPa）。熔点 58~60℃。闪点（开杯）207℃。燃点 240℃。折射率 1.5240(25℃)。黏度 223mPa·s(61℃)。难溶于水，微溶于乙二醇及某些胺类，溶于乙醚、苯、丙酮、乙酸乙酯等有机溶剂，完全溶于热汽油及矿物油等，与许多聚合物有良好的相容性。可燃。低毒，可用于食品包装材料，但也有些国家不允许用于接触食品的包装材料。

51. 邻苯二甲酸二环己酯与聚合物的相容性如何？

邻苯二甲酸二环己酯与聚氯乙烯等聚合物的相容性见表3-9。

表 3-9　邻苯二甲酸二环己酯与聚合物的相容性

聚合物	聚合物：增塑剂		
	1:1	4:1	9:1
聚氯乙烯	不相容	部分相容	相容
硝酸纤维素	不相容	部分相容	相容
乙基纤维素	不相容	部分相容	相容
氯乙烯-乙酸乙烯酯共聚物	不相容	部分相容	相容
聚苯乙烯	不相容	部分相容	相容
乙酸纤维素	不相容	不相容	不相容
乙酸丁酸纤维素	不相容	不相容	不相容
聚乙烯醇缩丁醛	不相容	部分相容	部分相容
氯化橡胶	不相容	部分相容	相容

52. 邻苯二甲酸二环己酯有哪些用途？

用作聚氯乙烯、聚苯乙烯、丙烯酸树脂及硝酸纤维素等的主增塑剂，与其他增塑剂并用；可使制品表面收缩致密而无空隙，表面光洁，还起防潮和防止增塑剂挥发的作用。用量一般为增塑剂总量的 10%~20%，用量过大，会使制品硬度增大。与纤维素制成的漆，涂膜密封性好、渗水湿气性低，不易被水抽出，附着牢固，可用作防潮涂料；在生产聚氯乙烯软制品时，邻苯二甲酸二环己酯以辅助增塑剂与邻苯二甲酸二辛酯并用，可改善树脂的热加工和流动性，并可抑制增塑剂的挥发损失；可用作合成树脂胶黏剂的增黏剂；也可用作天然橡胶或合成橡胶的增塑剂、软化剂，纸张防水助剂，以及与一些天然树脂并用制造防潮涂料。

53. 邻苯二甲酸二环己酯是怎样制造的？

邻苯二甲酸二环己酯是由邻苯二甲酸酐与环己醇在硫酸催化下经酯化反应制得，反应式：

投料比为邻苯二甲酸酐：环己醇 = 1：2.4。催化剂硫酸为总投料量的 0.2%，反应压力 0.08MPa，反应温度 120℃，反应时间 2~3h。所得粗酯用碱中和、水洗、脱环己醇后，再经干燥、粉碎、过筛而得到成品。

54. 邻苯二甲酸二甲氧基乙酯有哪些性质？

邻苯二甲酸二甲氧基乙酯又称 1，2-苯二甲酸二甲氧基乙酯，简称 DMEP。化学式 $C_{14}H_{18}O_6$。结构式：

外观为无色至浅黄色油状液体，微具芳香气味。相对密度 1.169~1.172。沸点 350℃。熔点 -45℃。闪点（开杯）194℃。折射率 1.5000（25℃）。挥发度 0.0041mg/（$cm^2\cdot$h）（100℃）。黏度 31mPa·s（25℃）。难溶于水，微溶于甘油、乙二醇及胺类，溶于乙醇、丙酮、苯及矿物油等多数有机溶剂。本品在松节油中的溶解性在 30℃ 以下大为下降，利用这一性质制造耐油性塑料和橡胶制品。与多数聚合物有良好的相容性，低毒。

55. 邻苯二甲酸二甲氧基乙酯与聚合物的相容性如何？

邻苯二甲酸二甲氧基乙酯与聚氯乙烯等聚合物的相容性见表 3-10。

表 3-10　邻苯二甲酸二甲氧基乙酯与聚合物的相容性

聚合物	聚合物：增塑剂		
	1：1	4：1	9：1
聚氯乙烯	不相容	相容	相容
聚乙酸乙烯酯	相容	相容	相容
聚乙烯醇缩丁醛	相容	相容	相容
硝酸纤维素	相容	相容	相容
乙基纤维素	相容	相容	相容
乙酸纤维素	相容	相容	相容
乙酸丁酸纤维素	相容	相容	相容
聚苯乙烯	相容	相容	相容
丙酸纤维素	相容	相容	相容
丙烯酸树脂	不相容	不相容	相容
酚醛树脂	—	相容	相容
氯化橡胶	相容	相容	相容

56. 邻苯二甲酸二甲氧基乙酯有哪些用途？

可用作纤维素树脂、乙烯基树脂、合成橡胶等的溶剂型增塑剂，挥发性比邻苯二甲酸二丁酯及邻苯二甲酸二乙酯低，用其增塑的制品，耐久性及光稳定性好，耐油及耐汽油抽出，外观光泽。用其生产的薄膜坚韧耐久。用于橡胶制品时，对橡胶的硫化无影响。本品也是乙酸纤维素中使用效果最好的主增塑剂之一，与邻苯二甲酸二乙氧基乙酯并用效果更好，可以使乙酸纤维素漆使用效果更好，如用于制造高档闪光漆。此外，还可用于电缆涂料、乙酸纤维素模塑料、电线用高强度漆及层压塑料胶黏剂等方面。

57. 邻苯二甲酸二甲氧基乙酯是怎样制造的？

先由环氧乙烷和甲醇在三氟化硼、乙醚作用下进行甲氧基化反应生成甲氧基乙醇，然后再以硫酸为催化剂与邻苯二甲酸酐进行酯化反应，反应式如下：

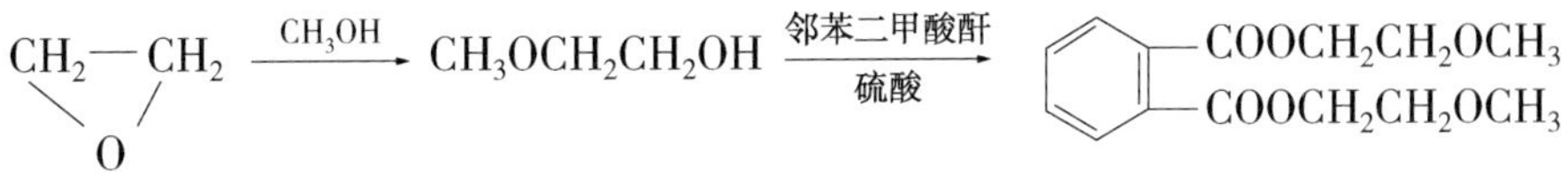

所得粗酯再用5%的纯碱液中和、水洗、减压蒸馏而制得成品。

58. 邻苯二甲酸二丁氧基乙酯有哪些性质？

邻苯二甲酸二丁氧基乙酯又称1，2-苯二甲酸丁氧基乙酯，简称DBEP。化学式$C_{20}H_{30}O_6$。结构式：

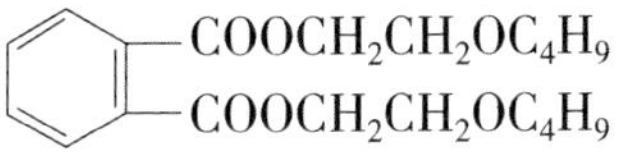

外观为无色透明油状液体。相对密度1.057~1.060。沸点335℃（0.1MPa）。熔点-47℃。闪点（开杯）204℃。燃点243℃。折射率1.4830（25℃）。黏度30mPa·s（25℃）。难溶于水，微溶于甘油、乙二醇及部分胺类，溶于乙醚、丙酮、苯及矿物油等多数有机溶剂，与许多聚合物有良好的相容性，有一定毒性，一般不可用于接触食品的制品，是由邻苯二甲酸酐与乙二醇单丁醚在钛酸四丁酯催化下，经酯化反应制得。

59. 邻苯二甲酸二丁氧基乙酯与聚合物的相容性如何？

邻苯二甲酸二丁氧基乙酯与聚氯乙烯等聚合物的相容性见表3-11。

表3-11　邻苯二甲酸二丁氧基乙酯与聚合物的相容性

聚合物	聚合物：增塑剂		
	1∶1	4∶1	9∶1
聚氯乙烯	相容	相容	相容
聚乙烯醇缩丁醛	相容	相容	相容
乙酸丁酸纤维素	相容	相容	相容
丙酸纤维素	相容	相容	相容
聚乙酸乙烯酯	相容，但薄膜发黏	相容，但薄膜发黏	相容
硝酸纤维素	相容，但薄膜发黏	相容	相容
乙基纤维素	相容，但薄膜发黏	相容	相容
乙酸纤维素	相容，但薄膜发黏	相容	相容
聚苯乙烯	相容，但薄膜发黏	相容	相容
丙烯酸树脂	不相容	不相容	相容
氯化橡胶	相容，但薄膜发黏	相容	相容

60. 邻苯二甲酸二丁氧基乙酯有哪些用途？

可用作乙烯基树脂、乙基纤维素、硝酸纤维素等的增塑剂，增塑效率比邻苯二甲酸二丁酯要高，能使树脂溶解快，改善其流动性能。用作合成橡胶增塑剂时，在橡胶加工过程中，损失可比用邻苯二甲酸二丁酯时要少，而且增塑的制品低温性能好，耐紫外线老化；用于增塑糊及有机溶胶时，初始黏度及塑化温度低，糊料储存时间长；本品也是聚乙酸乙烯酯类乳胶漆优良的增塑剂，特别适宜用作室外有砖石结构的建筑防护涂料；本品还具有提高塑料制品抗静电性能，可用作抗静电增塑剂。

61. 邻苯二甲酸丁·环己酯有哪些性质？

邻苯二甲酸丁·环己酯又称1，2-苯二甲酸丁·环己酯，简称 BCHP。化学式 $C_{18}H_{24}O_4$。结构式：

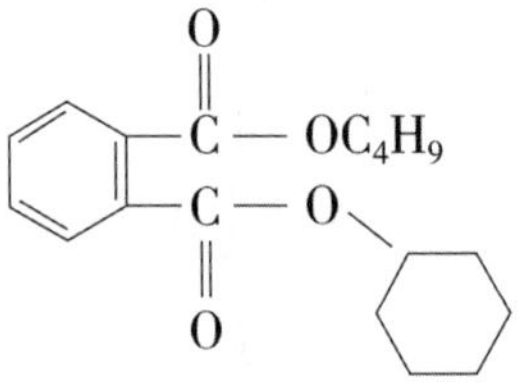

外观为无色透明液体。相对密度 1.076(25℃)。沸点 189~222℃(666.5Pa)。熔点 -55℃。闪点(开杯)194℃。燃点 212.7℃。折射率 1.5071。不溶于水，溶于乙醚、丙酮、甲醇、四氯化碳、乙酸乙酯等有机溶剂。与聚氯乙烯等多种聚合物有很好的相容性。

62. 邻苯二甲酸丁·环己酯与聚合物的相容性如何？

邻苯二甲酸丁·环己酯与聚合物的相容性见表 3-12。

表 3-12　邻苯二甲酸丁·环己酯与聚合物的相容性

聚合物	聚合物：增塑剂		
	1：1	4：1	9：1
聚氯乙烯	相容	相容	相容
氯乙烯-乙酸乙烯酯共聚物	相容	相容	相容
硝酸纤维素	相容	相容	相容
乙基纤维素	相容	相容	相容
乙酸纤维素(乙酰基39%~42%)	不相容	不相容	不相容
乙酸丁酸纤维素	部分相容	部分相容	相容
聚乙烯醇缩丁醛	部分相容	部分相容	相容
聚苯乙烯	部分相容	部分相容	相容
氯化橡胶	相容	相容	相容

63. 邻苯二甲酸丁·环己酯有哪些用途?

用作乙烯基树脂、硝酸纤维素、乙基纤维素等的增塑剂及软化剂,用其增塑的乙烯基树脂,制品电性能好,所生产的地板材料特别耐污染;用于聚氯乙烯增塑糊时,在作蘸涂制品时可提高黏度和熔融速度;用于乙基纤维素时,其耐水、耐油、耐污染性比其他普通单体型增塑剂的效果要好;用于合成橡胶的增塑剂时,耐低温性能好。本品也可与邻苯二甲酸二异辛酯、邻苯二甲酸二异辛酯等并用提高塑化制品的性能。

64. 邻苯二甲酸丁苄酯有哪些性质?

邻苯二甲酸丁苄酯又称1,2-苯二甲酸丁苄酯,简称BBP。化学式$C_{19}H_{20}O_4$。结构式:

$$\text{（苯环）} \begin{array}{l} -\text{COOC}_4\text{H}_9 \\ -\text{COOCH}_2\text{C}_6\text{H}_5 \end{array}$$

外观为无色透明油状液体,微具芳香味。相对密度1.111~1.119(25℃)。沸点370℃。熔点-35℃。闪点(开杯)210℃。燃点240℃。折射率1.5336~1.5376(25℃)。黏度65mPa·s(20℃)。挥发度0.0005g/(cm²·h)(105℃),难溶于水,溶于乙醇、苯、丙酮等多数有机溶剂及烃类,与聚氯乙烯等多数聚合物有良好的相容性。

65. 邻苯二甲酸丁苄酯对聚合物的溶解作用如何?

增塑剂对聚合物的溶解能力与两者的相容性密切相关,表3-13列出了对一些聚合物的溶解作用,用体系处于不同状态下的温度表示。

表3-13　邻苯二甲酸丁苄酯(浓度5%)对聚合物的溶解作用

聚合物	体系处于不同状态时的温度,℃			
	凝胶	溶液	白化	析出
聚氯乙烯	28	160	-10	-10
氯乙烯-乙酸乙烯酯共聚物	28	130	-10	-10
硝酸纤维素	—	28	-10	-10
乙酸纤维素	170	230	220	145
乙酸丁酸纤维素	190	245	110	40
丙酸纤维素	150	220	-10	-10
乙基纤维素	28	85	20	-10
聚乙酸乙烯酯	28	180	-10	-10
聚乙烯醇缩丁醛	28	120	110	30
聚苯乙烯	28	225	-10	-10
聚甲基丙烯酸甲酯	28	160	-10	-10

66. 邻苯二甲酸丁苄酯有哪些用途?

用作聚氯乙烯、氯乙烯共聚物、纤维素树脂、天然橡胶及合成橡胶的增塑剂,具有耐热、耐光性好、耐污染、塑化速度快、挥发性低、对水和油的抽出性小、填充量大和制品耐磨性好等特点,缺点是耐寒性较差。可用于制造地板、瓦楞板、管材等高填充塑料制品。作为辅助增塑剂,本品与邻苯二甲酸二辛酯并用,用于制造薄膜、人造革(本品具有溶解有机颜料的性能),可赋予制品优良的透明性和表面光滑性。用于乙基纤维素可制得透明坚韧的板材、模制品和热熔黏合剂;用于硝酸纤维素漆可获得透明柔韧的漆膜。本品还可用于后发泡的压延配方,降低加工温度,避免发泡剂过早分解。

67. 邻苯二甲酸丁苄酯是怎样制造的?

(1)以邻苯二甲酸酐、正丁醇、氯化苄、碳酸钠为原料,先由邻苯二甲酸酐和正丁醇单酯化反应生成邻苯二甲酸单丁酯,反应式:

$$\text{邻苯二甲酸酐} + C_4H_9OH \longrightarrow \underset{COOH}{\overset{COOC_4H_9}{\diagdown}}$$

将生成的单丁酯用碳酸钠溶液中和生成单丁酯钠盐,反应式:

$$\underset{COOH}{\overset{COOC_4H_9}{\diagdown}} + Na_2CO_3 \longrightarrow \underset{COONa}{\overset{COOC_4H_9}{\diagdown}}$$

再将单丁酯钠盐与氯化苄在催化剂(三乙胺或吡啶)存在下进行缩合制得邻苯二甲酸丁苄酯粗品,反应式:

$$\underset{COONa}{\overset{COOC_4H_9}{\diagdown}} + \text{苯}-CH_2Cl \xrightarrow{\text{催化剂}} \underset{COOCH_2C_6H_5}{\overset{COOC_4H_9}{\diagdown}} + NaCl$$

粗酯经水洗、蒸馏、除过量的氯化苄、脱色后得到成品。

(2)作为技术改进,在第二步双酯化反应中,采用分子量为800的聚乙二醇作相转移催化剂,可提高产品收率、简化操作步骤,所得产品色泽好,而且价格便宜。

68. 邻苯二甲酸丁辛酯有哪些性质?

邻苯二甲酸丁辛酯又称邻苯二甲酸丁酯-2-乙酯己酯,简称 BOP。化学式 $C_{20}H_{30}O_4$。结构式:

$$\underset{COOC_4H_9}{\overset{\displaystyle COOCH_2-\underset{\underset{C_2H_5}{|}}{CH}-(CH_2)_3CH_3}{\diagdown}}$$

外观为无色或淡黄色透明油状液体。相对密度 0.993 ~ 0.999（25℃）。沸点 210℃（0.667kPa）。熔点-44℃。闪点 188℃。燃点 216℃。折射率 1.4860（25℃）。黏度 40mPa·s（20℃）。不溶于水，溶于甲醇、丙酮、苯及矿物油等有机溶剂。与聚氯乙烯等多种聚合物有良好的相容性，毒性很低，可用于食品包装材料。

69. 邻苯二甲酸丁辛酯与聚合物的相容性如何？

邻苯二甲酸丁辛酯与聚氯乙烯等的相容性见表 3-14。

表 3-14　邻苯二甲酸丁辛酯与聚合物的相容性

聚合物	聚合物：增塑剂		
	1：1	4：1	9：1
聚氯乙烯	相容	相容	相容
氯乙烯-乙酸乙烯酯共聚物	相容	相容	相容
硝酸纤维素	相容	相容	相容
乙基纤维素	相容	相容	相容
聚苯乙烯	相容	相容	相容
聚甲基丙烯酸甲酯	不相容	相容	相容
聚乙烯醇缩丁醛	不相容	部分相容	相容
聚乙酸乙烯酯	不相容	不相容	不相容
乙酸纤维素	不相容	不相容	不相容
乙酸丁酸纤维素（17%丁酰基）	不相容	不相容	不相容
氯化橡胶	相容	相容	相容

70. 邻苯二甲酸丁辛酯有哪些用途？

邻苯二甲酸丁辛酯是一种分子内混合酯，综合性能介于邻苯二甲酸二丁酯和邻苯二甲酸二辛酯之间，挥发性比邻苯二甲酸二丁酯小。价格比邻苯二甲酸二辛酯低，是乙烯基树脂的优良主增塑剂，具有熔融快、凝胶快、耐热、耐光、耐污染等特点，增塑效率优于邻苯二甲酸二辛酯，适用于生产薄膜、片材、挤塑型材及耐污染、低成本的地砖等建材。

71. 邻苯二甲酸丁辛酯是怎样制造的？

邻苯二甲酸丁辛酯是由邻苯二甲酸酐与辛醇、丁醇为原料经酯化反应制得，反应式：

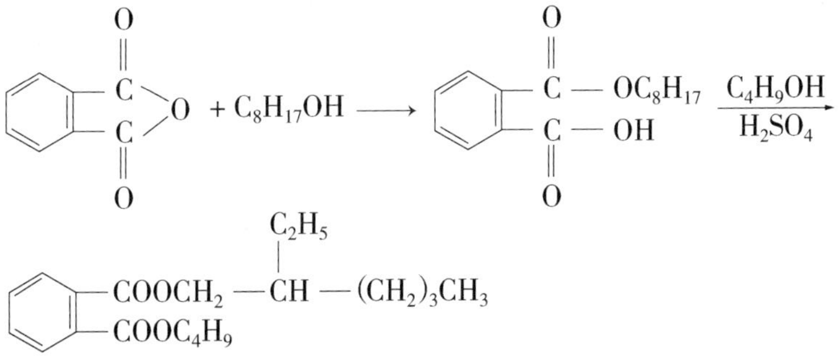

先由邻苯二甲酸酐和辛醇按 1∶1.05 的反应比，于 120~130℃反应生成邻苯二甲酸单辛酯。然后由丁醇与邻苯二甲酸单辛酯在硫酸存在下于 150℃反应生成双酯粗品，再经纯碱中和、热水洗涤、真空下脱醇、压滤而制得成品。

72. 邻苯二甲酸丁酯乙醇酸丁酯有哪些性质？

邻苯二甲酸丁酯乙醇酸丁酯又称丁基邻苯二甲酰基乙醇酸丁酯，简称 BPBG。化学式 $C_{18}H_{20}O_6$。结构式：

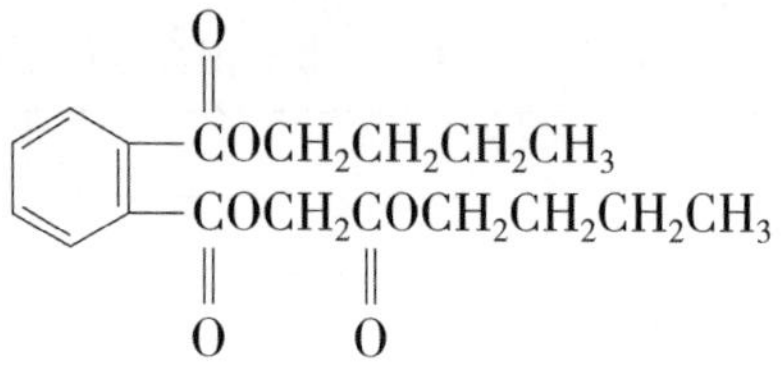

外观为无色油状液体。相对密度 1.097（25℃）。沸点 345℃（101.33kPa）。闪点（开杯）199℃。熔点 -35℃。折射率 1.4900（25℃）。黏度 51mPa·s（25℃）。挥发度 0.000081g/（cm²·h）（100℃）。不溶于水，可与蓖麻油、亚麻油、桐油等混溶。具有良好的耐光、耐寒及耐碱性能，即使在 -35℃的低温也不易结晶，与聚氯乙烯等聚合物有良好的相容性。低毒，可用于食品包装材料。

73. 邻苯二甲酸丁酯乙醇酸丁酯与聚合物的相容性如何？

邻苯二甲酸丁酯乙醇酸丁酯与聚合物的相容性见表 3-15。

表 3-15　邻苯二甲酸丁酯乙醇酸丁酯与聚合物相容时的两者份数

聚合物（100 份）	增塑剂份数	聚合物（100 份）	增塑剂份数
聚氯乙烯	100	丙烯酸树脂	70
聚乙酸乙烯酯	100	醇酸树脂	70
聚乙烯醇缩丁醛	100	酚醛树脂	50
硝酸纤维素	100	乙酸纤维素	50
氯化石蜡	80	乙酸丁酸纤维素	50
乙基纤维素	75	聚苯乙烯	30

74. 邻苯二甲酸丁酯乙醇酸丁酯有哪些用途？

可用作聚氯乙烯、聚乙酸乙烯酯、聚乙烯醇缩丁醛、硝酸纤维素、聚苯乙烯、氯丁橡胶、酚醛树脂及合成橡胶等聚合物的增塑剂，可赋予制品优良的柔软性、耐候性及耐光性，耐油脂及溶剂抽出性均比邻苯二甲酸二辛酯好，但水抽出性和挥发性较大，特别适用于制造食品包装、医疗制品及饮料瓶等塑料制品。

75. 邻苯二甲酸丁酯乙醇酸丁酯是怎样制造的？

邻苯二甲酸丁酯乙醇酸丁酯是由邻苯二甲酸单丁酯的钠盐与氯乙酸丁酯缩合制得，反应式：

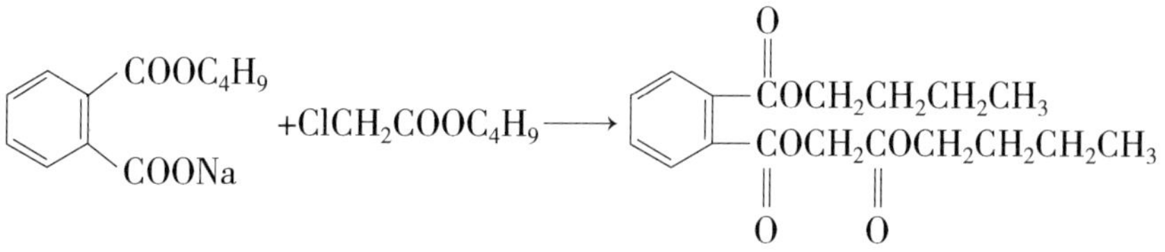

生产时先由邻苯二甲酸酐与丁醇以 1：1.05、在 100℃ 下进行单酯化反应制得邻苯二甲酸单丁酯；另外，将氯乙酸和丁醇以 1：1.2 的反应比在 140℃ 反应制得氯乙酸丁酯。然后，将邻苯二甲酸单丁酯、氯乙酸丁酯及碳酸钠按 1：1：0.5 的配比在 150℃ 下进行缩合反应制得 BPBG 粗品，然后经水洗、碱洗、再水洗至中性、减压蒸馏、活性炭脱色、压滤而制得成品。

76. 邻苯二甲酸正辛正癸酯有哪些基本性质？

邻苯二甲酸正辛正癸酯又称增塑剂 NODP 或 DNODP、邻苯二甲酸 810 酯，简称 810 酯。化学式 $C_{26}H_{42}O_4$。结构式：

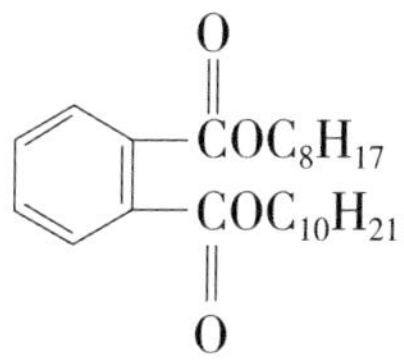

外观为无色或淡黄色透明油状液体。相对密度 0.968~0.974。沸点 241℃（666.6Pa）。燃点 259℃。闪点(开杯)228℃。熔点-28℃。折射率 1.4818(25℃)。黏度 46mPa·s(20℃)。不溶于水，难溶于甘油、乙二醇及胺，溶于醇类、酮类、芳烃、氯化烃等多数有机溶剂。与聚氯乙烯等许多聚合物有良好的相容性。低毒，可用于食品包装材料。

77. 邻苯二甲酸正辛正癸酯与聚合物的相容性如何？

邻苯二甲酸正辛正癸酯与聚合物的相容性见表 3-16。

表 3-16　邻苯二甲酸正辛正癸酯与聚合物的相容性

聚合物	聚合物：增塑剂		
	1：1	4：1	9：1
聚氯乙烯	相容	相容	相容
氯乙烯-乙酸乙烯酯共聚物	相容	相容	相容
聚苯乙烯	相容	相容	相容
乙基纤维素	相容	相容	相容
硝酸纤维素	相容	相容	相容
聚乙烯醇缩丁醛	不相容	相容	相容
聚甲基丙烯酸甲酯	不相容	相容	相容

聚合物	聚合物：增塑剂		
	1：1	4：1	9：1
聚乙酸乙烯酯	不相容	不相容	不相容
乙酸纤维素	不相容	不相容	不相容
乙酸丁酸纤维素(17%丁酰基)	不相容	不相容	不相容
氯化橡胶	相容	相容	相容

78. 邻苯二甲酸正辛正癸酯有哪些用途？

邻苯二甲酸正辛正癸酯是一种邻苯二甲酸混合直链醇酯，用作聚氯乙烯主增塑剂时，其耐热性、抗寒性、耐候性、耐挥发性、卫生性、制品透明性均优于邻苯二甲酸二辛酯，增塑效率也稍高于邻苯二甲酸二辛酯，而且迁移性小，水抽出率低，在车用塑料部件、耐高温电缆、高级人造革、食品及医用包装材料等制品中都能发挥良好的作用。在多种领域中可替代邻苯二甲酸二异壬酯、邻苯二甲二异癸酯、癸二酸二辛酯等增塑剂。本品可以单独使用，也可也邻苯二甲酸二辛酯并用，用于人造革、薄膜、片材、管材等制品，也适用作聚苯乙烯、聚乙烯醇缩丁醛、纤维素塑料、乙基纤维素、丁腈橡胶、聚甲基丙烯酸甲酯等的增塑剂。

79. 邻苯二甲酸 C_6—C_{10} 正构醇混合酯有哪些基本性质？

邻苯二甲酸 C_6—C_{10} 正构醇混合酯又称 1，2-苯二甲酸二(C_6—C_{10})酯，简称 610 酯，是由邻苯二甲酸酐和 C_6—C_{10} 正构醇酯化制得的混合酯。结构式：

$$\text{苯环} \begin{matrix} C(=O) - O(CH_2)_n CH_3 \\ C(=O) - O(CH_2)_n CH_3 \end{matrix} \qquad (n=5, 7, 9)$$

外观为无色油状液体。相对密度 0.977(20℃)。沸点 247℃(533.2Pa)。熔点 -51℃。闪点 224℃。燃点 251℃。折射率 1.4851(25℃)。黏度 42mPa·s(20℃)。不溶于水，微溶于甘油、乙二醇及某些胺类，溶于醇类、酮类、芳烃等多数有机溶剂，与聚氯乙烯等聚合物的相容性与邻苯二甲酸二异辛酯相同(表3-4)。

80. 邻苯二甲酸 C_6—C_{10} 正构醇混合酯有哪些用途？

本品是一种正构醇混合酯，与支链醇类相比较，具有挥发性低、迁移性小、耐寒性好、耐水抽出、电性能高、透明性好、增塑效率高等特点，可用作聚氯乙烯、聚苯乙烯、聚乙烯醇缩丁醛、硝酸纤维素、乙酸纤维素、聚甲基丙烯酸甲酯及合成橡胶等的主增塑剂。可单独使用，也可与直链醇酯并用。如用于增塑乙烯基树脂，其制品(膜、片材、挤塑品等)透明度好、低温柔性好，耐水抽出，加速老化后，物性变化小。

81. 邻苯二甲酸二(C$_9$—C$_{11}$)酯有哪些基本性质？

邻苯二甲酸二(C$_9$—C$_{11}$)酯又称 1，2-苯二甲酸(C$_9$—C$_{11}$)酯、邻苯二甲酸 C$_9$—C$_{11}$ 混合酯，简称 911 酯。结构式：

$$\text{COOC}_n\text{H}_{2n+1}$$
$$\text{COOC}_n\text{H}_{2n+1} \quad (n=9\sim11)$$

外观为无色油状液体。相对密度 0.965～0.967。沸点 250℃（0.667kPa）。熔点-18℃。黏度 75mPa·s（20℃）。不溶于水，微溶于甘油，溶于醇类、酮类及氯化烃等有机溶剂，与聚氯乙烯等许多聚合物有良好的相容性。

82. 邻苯二甲酸二(C$_9$—C$_{11}$)酯有哪些用途？

邻苯二甲酸二(C$_9$—C$_{11}$)酯是由邻苯二甲酸酐与 C$_9$—C$_{11}$ 混合脂肪醇在硫酸催化下经酯化反应制得。可用作聚氯乙烯、氯乙烯共聚物等的增塑剂，具有耐寒性好、挥发性低、耐热性及耐水抽出性良好等特点。用本品增塑的制品物性优于用邻苯二甲酸二辛酯增塑的制品。用于增塑糊时，可赋予糊料良好的黏度稳定性。

83. 四氢邻苯二甲酸二辛酯有哪些基本性质？

四氢邻苯二甲酸二辛酯又称四氢邻苯二甲酸二(2-乙基己基)酯，简称 DOTHP。化学式 C$_{24}$H$_{42}$O$_4$。结构式：

$$\begin{array}{c} \text{H}_2 \\ \text{C} \end{array}$$
$$\text{C}\quad\text{CH}-\text{COOCH}_2\text{CH(CH}_2)_3\text{CH}_3 \quad (\text{C}_2\text{H}_5)$$
$$\text{C}\quad\text{CH}-\text{COOCH}_2\text{CH(CH}_2)_3\text{CH}_3 \quad (\text{C}_2\text{H}_5)$$
$$\begin{array}{c} \text{C} \\ \text{H}_2 \end{array}$$

外观为无色至浅黄色透明状液体。相对密度 0.969（20℃）。沸点 216℃（0.667kPa）。熔点-53℃。闪点（开杯）202℃。黏度 42.1mPa·s（20℃）。不溶于水，溶于醇、酮、苯及氯化烃类等多数有机溶剂，其他性质与邻苯二甲酸二辛酯类似。与聚氯乙烯、氯乙烯共聚物、聚苯乙烯、乙基纤维素等相容性好，与乙酸纤维素不相容。低毒，可用于食品包装材料。

84. 四氢邻苯二甲酸二辛酯有哪些用途？

本品系脂环族二元酸酯，与其他邻苯二甲酸酯相比，具有良好的耐寒性及优良的电性能和低挥发性，可用作乙烯基树脂和一些纤维素树脂的增塑剂，用于人造革、薄膜、管材及增塑糊等制品。用于聚氯乙烯时，数周后会有轻微渗出，但与邻苯二甲酸二辛酯并用时可克服此弊病。与邻苯二甲酸二辛酯并用于增塑糊时，可以保持糊料在存放过程中的黏度稳定性。

85. 四氢邻苯二甲酸二辛酯是怎样制造的?

先由顺丁烯二酸酐和过量的丁二烯在 100~110℃下进行 Diels-Alder 双烯加成反应,生成四氢邻苯二甲酸酐。随后将四氢邻苯二甲酸酐与 2.5 倍物质的量的2-乙基己醇混合,在总投料量为 0.5%的硫酸催化下进行酯化反应,反应温度 120~130℃,反应压力保持在 1.3~2.7kPa。反应结束后,经中和、水洗、蒸馏而制得成品,其工艺过程如下:

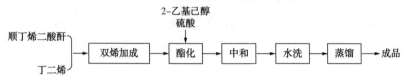

86. 四氯邻苯二甲酸二辛酯有哪些基本性质?

四氯邻苯二甲酸二辛酯又称四氯邻苯二甲酸二(2-乙基己基)酯,简称 DOTCP。化学式 $C_{24}H_{34}O_4Cl_4$。结构式:

$$
\begin{array}{c}
Cl \\
Cl \\
Cl \\
Cl
\end{array}
\quad
\begin{array}{c}
C_2H_5 \\
COOCH_2CH(CH_2)_3CH_3 \\
COOCH_2CH(CH_2)_3CH_3 \\
C_2H_5
\end{array}
$$

外观为无色至褐色透明状液体,相对密度 1.176~1.182(25℃)。酸值 0.015mg KOH/g。体积电阻率 $14.6×10^{12}Ω·cm$。不溶于水,能与醇、醚、酮类溶剂混溶。最高使用温度 180℃。具有良好的光、热稳定性及优异的电性能和低挥发性。

87. 四氯邻苯二甲酸二辛酯有哪些用途?

四氯邻苯二甲酸二辛酯是一种具有增塑和阻燃双重功能的新型增塑剂,主要用于生产阻燃聚氯乙烯制品,不仅能赋予聚氯乙烯制品具有优异的阻燃性能,也有较低的生烟性和较低的火焰蔓延功能,还能使聚氯乙烯呈现优良的综合性能,而且本品具有挥发性低、耐迁移性好等特点,因此阻燃聚氯乙烯制品经久耐用。可以单独使用,也可与其他增塑剂并用,但增塑效率不如邻苯二甲酸二辛酯。

88. 四氯邻苯二甲酸二辛酯是怎样制造的?

将四氯邻苯二甲酸酐、辛醇、催化剂以 1∶3∶0.0124(物质的量的比)的比例,在氮气保护下,于 220℃下进行酯化反应。反应结束后降温至 160℃,加入固体碱中和。在温度降至 110℃后加入硅藻土脱色,再经过滤、减压脱醇、过滤后即制得成品,其工艺过程如下:

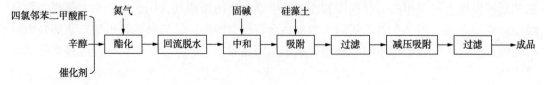

89. 对苯二甲酸二辛酯有哪些基本性质?

对苯二甲酸二辛酯又称对苯二甲酸二(2-乙基己基)酯、1,4-苯二甲酸二辛酯,简称 DOTP。化学式 $C_{24}H_{38}O_4$。结构式:

$$CH_3(CH_2)_3CHCH_2OOC \text{—} \bigcirc \text{—} COOCH_2CH(CH_2)_3CH_3$$
$$\underset{C_2H_5}{|} \qquad\qquad\qquad \underset{C_2H_5}{|}$$

外观为无色透明油状液体。相对密度 0.9835。沸点 383℃。闪点(开杯)238℃。熔点 -48℃。燃点 383℃。折射率 1.4887(25℃)。黏度 800mPa·s。不溶于水,溶于苯、丙酮及氯化烃类等溶剂。与聚苯乙烯、硝酸纤维素等聚合物的相容性与邻苯二甲酸二辛酯相似,但挥发性较小。低毒,可用于食品包装材料。

90. 对苯二甲酸二辛酯有哪些用途?

本品是在物理机械性能上更优于邻苯二甲酸二辛酯(DOP)的一种增塑剂,其耐热性、耐低温性、电性能及耐抽出性等均优于 DOP。其用法也和 DOP 相近,也可与 DOP 以任何比例混合,是生产耐温70℃电缆料及耐挥发聚氯乙烯制品的理想增塑剂,用于轿车内的聚氯乙烯制品,能解决玻璃车窗的起雾问题,用于增塑糊时可降低糊的黏度,延长保存寿命。在聚氯乙烯制品中应用表明,除对颜色要求较高的纯白色制品外,本品完全可替代 DOP 使用,可用于电缆料、地毯、鞋底、人造革、输送带、注塑及压延制品等,还可用作合成橡胶软化剂、涂料及精密仪器优质润滑剂、纸张软化剂等。

91. 对苯二甲酸二辛酯是怎样制造的?

按所使用生产原料不同,对苯二甲酸二辛酯的生产方法可分为直接酯化法及酯交换法两类。

(1)直接酯化法,可采用对苯二甲酸与2-乙基己醇按一般的增塑剂酯化方法制得;也可用钛酸四丁酯与硅酸四烷基酯为催化剂,由对苯二甲酸与2-乙基己酯经直接酯化反应制得。

(2)酯交换法。该法是以对苯二甲酸二甲酯或对苯二甲酸二乙酯为原料,以钛酸四丁酯或乙酸锌等为催化剂,与2-乙基己醇进行酯交换反应而制得本品。典型方法是以涤纶(对苯二甲酸乙二醇酯纤维)废丝为原料,在先进行醇解后,再加入催化剂与2-乙基己醇进行酯交换反应而制得本品,因以废聚酯为原料,可变废为宝,生产成本低。

92. 间苯二甲酸二辛酯有哪些基本性质?

间苯二甲酸二辛酯又称间苯二甲酸二(2-乙基己基)酯、1-3 苯二甲酸二(2-乙基己基)酯,简称 DOIP。化学式 $C_{24}H_{38}O_4$。结构式:

$$\bigcirc \overset{COOCH_2CH(C_2H_5)(CH_2)_3CH_3}{\underset{COOCH_2CH(C_2H_5)(CH_2)_3CH_3}{}}$$

外观为无色透明油状液体。相对密度 0.982~0.983(25℃)。沸点 241℃(0.667kPa)。熔点 −44℃。闪点(开杯)232℃。燃点 266℃。折射率 1.4875(25℃)。黏度 55mPa·s(25℃)。难溶于水,溶于丙酮、苯、乙酸乙酯等有机溶剂。与聚氯乙烯、乙基纤维素、聚乙烯醇缩丁醛、聚苯乙烯等相容性好,与聚乙酸乙烯酯、乙酸纤维素等相容性较差。低毒,对皮肤和眼睛有轻微刺激作用。

93. 间苯二甲酸二辛酯有哪些用途?

用作聚氯乙烯、硝酸纤维素及乙基纤维素等的增塑剂,具有迁移性小、挥发性低、耐热性及耐低温性好、电性能优良等特点,且价格较低,但增塑效率不及邻苯二甲酸二辛酯。也可作邻苯二甲酸二辛酯的代用品,用于聚氯乙烯各种软制品。用其制作的增塑糊,糊料初始黏度低,储存时黏度稳定,适宜制作电表、电灯的电线、桌布、台布、餐桌垫布及女式手提包等。也可用作氯化橡胶、氯丁橡胶等的增塑剂。

94. 间苯二甲酸二辛酯是怎样制造的?

将间苯二甲酸、2-乙基己醇、催化剂(硫酸)以 1:2:0.25(物质的量比)的比例,在 150℃及减压(真空度为 93.3kPa)下进行酯化反应,反应时间约 7h,在酯化的同时加入总投料量为 0.1%~0.3%的活性炭。酯化反应结束后,加入 5%左右的纯碱中和,再经热水洗涤、脱醇、水蒸气蒸馏、压滤而制得成品,反应式:

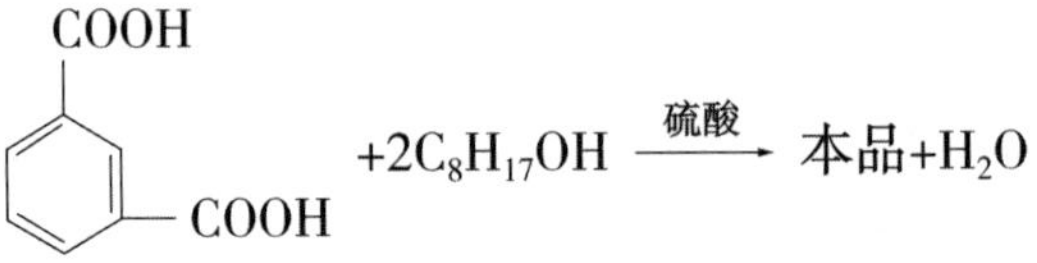

$$\text{(间苯二甲酸)} + 2C_8H_{17}OH \xrightarrow{\text{硫酸}} \text{本品} + H_2O$$

四、脂肪族二元酸酯类增塑剂

1. 用作增塑剂的脂肪族二元酸酯有哪些?

脂肪族化合物泛指不含芳香基的有机化合物, 按碳碳键间的化学键可分为饱和脂肪族化合物及不饱和脂肪族化合物, 脂肪族二元酸酯的通式为:

$$R_1-O-\overset{\overset{O}{\|}}{C}-(CH_2)_n-\overset{\overset{O}{\|}}{C}-O-R_2 \qquad (n = 2 \sim 11)$$

式中　R_1、R_2——C_4-C_{11} 烷基, 也可以是环烷基。

饱和脂肪族二元酸酯有丁二酸酯、戊二酸酯、己二酸酯、辛二酸酯、壬二酸酯、癸二酸酯、十二(烷)二酸酯等, 其中己二酸酯、壬二酸酯和癸二酸酯是这类增塑剂的主要品种。

不饱和脂肪族二元酸酯有马来酸酯、反丁烯二酸酯和衣康酸酯。因其分子内含有双键, 能与乙烯基单体共聚, 而作为内增塑剂使用, 但通常把它们作为反应性增塑剂来讨论。

2. 脂肪族二元酸酯类增塑剂有哪些特性?

增塑剂的性能由其本身的结构所决定, 一种增塑剂一般不可能满足多方面的性能要求, 作为脂肪族二元酸酯增塑剂, 其一般特性如下:

(1) 相容性。相容性是增塑剂最重要的性能, 但脂肪族二元酸酯与聚氯乙烯的相容性较差, 因此只能与苯二甲酸酯配合使用, 用作辅助增塑剂。在作为耐寒增塑剂使用时, 常需与苯二甲酸酯类主增塑剂并用才能取得较好的耐寒效果。

(2) 耐寒性。脂肪族二元酸酯属于直链的亚甲基($-CH_2-$)为主体的增塑剂, 同环状结构的增塑剂相比, 在较低温度下可保持聚合物分子链间的运动, 因而具有良好的耐寒性, 一般烷基链越长, 耐寒性越好, 烷基支链增多, 耐寒性相应变差。通常, 脂肪族二元酸酯作为耐寒增塑剂使用。如在聚氯乙烯中加入这类增塑剂, 可使聚氯乙烯的玻璃化温度由 $70 \sim 80℃$ 降到 $-60 \sim -55℃$, 使聚氯乙烯制品在低温下仍具有柔软性。

(3) 耐抽出性。脂肪族二元酸酯分子结构中的烷基部分较大, 与苯二甲酸酯分子结构苯基、酯基或烷基支链多的增塑剂相比, 其耐油类抽出性较差, 但耐水及耐肥皂水抽出的性能较好。

(4) 电性能。脂肪族二元酸酯分子结构中, 烷基链较长, 分子极性较低, 聚氯乙烯添加这类增塑剂时, 会使聚氯乙烯的电导率增大, 体积电阻率降低。

(5) 其他性能。聚氯乙烯本身不燃烧，但加入某些脂肪酸二元酸酯类增塑剂（如己二酸酯增塑剂）会使聚氯乙烯膜发生燃烧，也即阻燃性降低；脂肪族二元酸酯因分子量较小，蒸气压较低，在增塑制品中易挥发，也即在制成品中的持久性不好；用脂肪族二元酸酯配制的增塑糊，其黏度稳定性较好，储存时间较长；聚氯乙烯有较好的耐腐蚀性及耐霉菌性，脂肪族二元酸酯的耐腐蚀性及耐霉菌都较差。

3. 脂肪族二元酸酯类增塑剂是怎样制造的?

脂肪族二元酸酯是由二元酸与醇在催化剂存在下，经酯化反应制得：

$$HOOC(CH_2)_nCOOH + 2ROH \longrightarrow ROOC(CH_2)_nCOOR + 2H_2O$$

所用二元酸有丁二酸、戊二酸、己二酸、辛二酸、壬二酸、癸二酸等；所用的醇，常用 C_4—C_{10} 的直链醇及支链醇，如 2-乙基己醇、正丁醇、2-辛醇、异辛醇、异壬醇及异癸醇等。所用催化剂多用钛酸四丁酯，其他还有铝、钛、锡等化合物。

合成过程大致可表示为：

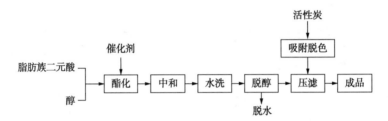

4. 己二酸二辛酯有哪些基本性质?

己二酸二辛酯又称己二酸二(2-乙基己基)酯，简称 DOA。化学式 $C_{22}H_{42}O_4$。结构式：

$$\begin{array}{ccc} COOCH_2CH(CH_2)_3CH_3 \\ | & & | \\ (CH_2)_4 & & C_2H_5 \\ | \\ COOCH_2CH(CH_2)_3CH_3 \\ & & | \\ & & C_2H_5 \end{array}$$

外观为无色至淡黄色油状液体，微有气味。相对密度 0.922（25℃）。沸点 214℃（0.667kPa）。熔点-67.5℃。闪点（开杯）192℃。折射率 1.4474（20℃）。黏度 14mPa·s（20℃）。挥发度 3.5mg/（cm²·h）（150℃）。不溶于水，微溶于乙二醇，溶于甲醇、苯、汽油及矿物油等有机溶剂。低毒，可用于食品包装材料。己二酸二辛酯可由己二酸与 2-乙基己醇在催化剂作用下经酯化反应制得。

5. 己二酸二辛酯与聚合物的相容性如何?

己二酸二辛酯与聚氯乙烯等聚合物的相容性见表 4-1。

表 4-1　己二酸二辛酯与聚合物的相容性

聚合物	聚合物：增塑剂		
	1：1	4：1	9：1
聚氯乙烯	相容	相容	相容
氯乙烯-乙酸乙烯酯共聚物	相容	相容	相容
聚苯乙烯	相容	相容	相容
乙基纤维素	相容	相容	相容
聚乙烯醇缩丁醛	不相容	相容	相容
酚醛树脂	不相容	相容	相容
硝酸纤维素	不相容	相容	相容
乙酸丁酸纤维素（37%丁酰基）	不相容	相容	相容
丙酸纤维素	不相容	不相容	相容
聚甲基丙烯酸甲酯	不相容	不相容	相容
乙酸纤维素	不相容	不相容	不相容
聚乙酸乙烯酯	不相容	不相容	不相容
氯化橡胶	相容	相容	相容

6. 己二酸二辛酯有哪些用途?

用作聚氯乙烯、聚苯乙烯、纤维素树脂、氯乙烯树脂共聚物及合成橡胶等的典型耐寒增塑剂,增塑效率高,可赋予制品良好的低温柔软性,制品手感好,并具有良好的耐光性和耐热性。多与邻苯二甲酸二辛酯等主增塑剂并用,用于制作户外用塑料管、冷冻食品包装膜、合成革、农用薄膜、电线电缆包覆层等。也可用作橡胶型胶黏剂及涂料等的增塑剂。本品的主要缺点是挥发性较大,耐迁移性及电绝缘性等较差。

7. 己二酸二异癸酯有哪些基本性质?

己二酸二异癸酯简称 DIDA。化学式 $C_{26}H_{50}O_4$。结构式:

$$
\begin{array}{l}
\quad O \qquad\qquad\qquad\qquad CH_3 \\
\quad \| \qquad\qquad\qquad\qquad\quad | \\
\quad C - OCH_2(CH_2)_6CHCH_3 \\
\quad | \\
(CH_2)_4 \\
\quad | \\
\quad C - OCH_2(CH_2)_6CHCH_3 \\
\quad \| \qquad\qquad\qquad\qquad\quad | \\
\quad O \qquad\qquad\qquad\qquad CH_3
\end{array}
$$

外观为清澈油状油体。相对密度 0.9155(25℃)。沸点 245℃(0.667kPa)。熔点-66℃。闪点 227℃。燃点 257℃。折射率 1.4500(25℃)。黏度 26mPa·s(20℃)。不溶于水,溶于甲醇、甲苯、丁酮、丁醇、四氯化碳、乙酸乙酯、乙醚、甲乙酮等有机溶剂。有良好的耐水抽出性、挥发性低、低温性能好。低毒，可用于食品包装材料。本品可在催化剂存在下由己二酸与异癸醇经酯化反应制得。

8. 己二酸二异癸酯与聚合物的相容性如何？

己二酸二异癸酯与聚氯乙烯等聚合物的相容性见表4-2。

表4-2 己二酸二异癸酯与聚合物的相容性

聚合物	聚合物：增塑剂		
	1:1	4:1	9:1
聚氯乙烯	不相容	不相容	部分相容
氯乙烯-乙酸乙烯酯共聚物	相容	相容	相容
乙基纤维素	相容	相容	相容
硝酸纤维素	相容	相容	相容
聚苯乙烯	不相容	相容	相容
乙酸丁酸纤维素(37%丁酰基)	相容	相容	相容
聚乙烯醇缩丁醛	不相容	不相容	不相容
聚乙酸乙烯酯	不相容	不相容	不相容
聚甲基丙烯酸甲酯	不相容	不相容	不相容
乙酸纤维素	不相容	不相容	不相容
氯化橡胶	相容	相容	相容

9. 己二酸二异癸酯有哪些用途？

本品的性能与己二酸二辛酯相近，是一种优良的耐寒增塑剂，但挥发性仅为己二酸二辛酯的1/3，而与邻苯二甲酸二辛酯相当，并具有良好的耐水抽出性能。由于本品与聚氯乙烯的相容性较差。常与邻苯二甲酸酯类主增塑剂并用于要求耐寒性和耐久性兼备的制品，如户外用水管、人造革、电线电缆护套及一般用途的薄膜、薄板等，用己二酸二异癸酯配制的增塑糊黏度特别低，分散性及黏度稳定性特别好，适宜制作防雨纺织涂布、汽车内部织物，与其他己二酸酯共用时，可在许多合成橡胶中使用，如制造密封胶、垫片等。本品的缺点是加工时易受热变色，但可通过与抗氧剂并用而予以改善。

10. 己二酸二(丁氧基乙氧基乙基)酯有哪些基本性质？

己二酸二(丁氧基乙氧基乙基)酯的化学式为 $C_{22}H_{42}O_8$。结构式：

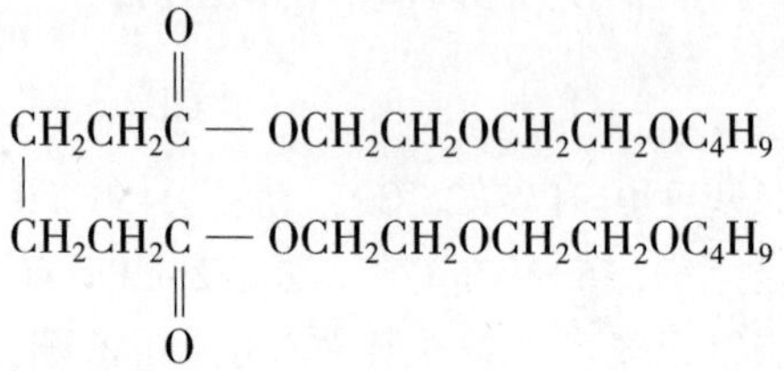

$$CH_2CH_2C \overset{O}{\overset{\|}{—}} OCH_2CH_2OCH_2CH_2OC_4H_9$$
$$CH_2CH_2C \underset{O}{\underset{\|}{—}} OCH_2CH_2OCH_2CH_2OC_4H_9$$

外观为浅琥珀色液体。相对密度 1.010 ~ 1.015（25℃）。沸点 350℃（533.3Pa）。熔点 -50℃。闪点 152~166℃。折射率 1.4435~1.4460（25℃）。黏度 15~25mPa·s（20℃）。不溶于水，溶于丙酮、苯、四氯化碳等有机溶剂。

11. 己二酸二（丁氧基乙氧基乙基）酯与聚合物的相容性如何？

己二酸二（丁氧基乙氧基乙基）酯与一些聚合物的相容性见表 4-3。

表 4-3　己二酸二（丁氧基乙氧基乙基）酯与聚合物的相容性

聚合物	聚合物：增塑剂		
	1:1	4:1	9:1
硝酸纤维素	相容	相容	相容
乙基纤维素	相容	相容	相容
聚乙烯醇缩丁醛	相容	相容	相容
聚乙酸乙烯酯	相容	相容	相容
乙酸丙酸纤维素	相容	相容	相容
乙酸丁酸纤维素	不相容	部分相容	部分相容
氯乙烯-乙酸乙烯酯共聚物	部分相容	相容	相容
乙酸纤维素	不相容	不相容	不相容
氯化橡胶	相容	相容	相容

12. 己二酸二（丁氧基乙氧基乙基）酯有哪些用途？

本品可用作纤维素树脂、丁腈橡胶、聚氨酯橡胶、丙烯酸酯橡胶、聚硫橡胶、聚乙酸乙烯酯及乙烯基树脂等的增塑剂。它耐寒性好，挥发性低，耐热性良好，并赋予制品优良的低温柔软性。可以单独使用，也可与邻苯二甲酸酯类、己二酸酯类等其他增塑剂配合使用。

13. 己二酸二正丁酯有哪些性质及用途？

己二酸二正丁酯又称己二酸二丁酯，简称 DBA。化学式 $C_{14}H_{26}O_4$。结构式：

$$C_4H_9OCO(CH_2)_4COOC_4H_9$$

外观为无色透明液体。相对密度 0.961~0.965。沸点 168℃（1.33kPa）。熔点 -37.5℃。闪点（开杯）150~175℃。折射率 1.4340（25℃）。黏度 5~6mPa·s（20℃）。不溶于水，溶于乙醇、乙醚、苯等有机溶剂，与聚氯乙烯、氯乙烯共聚物、聚乙酸乙烯酯、硝酸纤维素及聚乙烯醇缩丁醛等聚合物的相容性好，与乙酸纤维素部分相容。低毒。可由己二酸与丁醇在催化剂作用下经酯化反应制得。

本品黏度低，耐寒性好，有良好的凝胶特性，可用作纤维素树脂、乙烯基树脂及硝基纤维素涂料等的增塑剂，但易挥发、持久性差，在配方中不宜加入太多，但本品是改善聚氯乙烯制品柔软性的主要增塑剂之一，还可用作有机合成溶剂。

14. 己二酸二异丁酯有哪些性质及用途？

己二酸二异丁酯简称 DIBA。化学式 $C_{14}H_{26}O_4$。结构式：

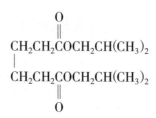

外观为无色无味透明液体。相对密度 0.950～0.957。沸点 135℃。熔点-20℃。闪点（开杯）160℃。燃点 166℃。折射率 1.4300（25℃）。黏度 20mPa·s（20℃）。挥发度 3.8%（105℃、4h）。不溶于水，溶于醇、醚、酮及苯等有机溶剂。与聚氯乙烯、氯乙烯共聚物、聚乙酸乙烯酯、硝酸纤维素及多数合成橡胶有良好的相容性。毒性极低，可用于食品包装材料。可在催化剂存在下，由己二酸与异丁醇经酯化反应制得。

本品对聚氯乙烯有很好的溶解力和相容性，而且低温性能好，耐水抽出，加工性能及热稳定性能好，可用作聚氯乙烯增塑剂，加工性能优良。己二酸二异丁酯还可使丁苯橡胶、丁腈橡胶、丁基橡胶及纤维素树脂产生良好的低温柔软性和很小的压缩变形，可广泛用于低温使用的模制机械零件、软管、垫片、冷冻食品包装材料等。本品的主要缺点是耐久性较差，挥发性较大。

15. 己二酸二异辛酯有哪些性质及用途？

己二酸二异辛酯简称 DIOA。化学式 $C_{22}H_{42}O_4$。结构式：

$$
\begin{array}{l}
\overset{\displaystyle O}{\overset{\displaystyle \|}{CH_2CH_2C}} - O(CH_2)_5CH(CH_3)_2 \\
\overset{\displaystyle |}{CH_2CH_2C} - O(CH_2)_5CH(CH_3)_2 \\
\underset{\displaystyle O}{\underset{\displaystyle \|}{}}
\end{array}
$$

外观为无色透明油状液体，微具特殊气味。相对密度 0.928。沸点 215～218℃（0.667kPa）。熔点-70～-40℃。闪点（开杯）195～210℃。燃点 236℃。折射率 1.445（20℃）。黏度 13mPa·s（25℃）。不溶于水，溶于甲醇、丙酮、苯、矿物油等有机溶剂，与聚氯乙烯、聚苯乙烯、聚甲基丙烯酸甲酯及纤维素树脂等有良好的相容性。微毒，可用于食品包装材料。可在硫酸催化剂存在下，由己二酸与异辛酯经酯化反应制得。

本品可用作多种树脂的耐寒增塑剂，特别是用于聚氯乙烯及氯乙烯共聚物，具有增塑效率高、低温柔性好、耐水抽出、耐光性和耐热性好等特点。所增塑的制品有良好的手感。本品电性能优良，体积电阻率低，有抗静电作用。用于增塑糊时，糊料的黏度低。在硝酸纤维素、乙基纤维素中加入本品，可获得透明而富有弹性的薄膜，还可用作天然橡胶、丁苯橡胶等的增塑剂和软化剂。

16. 己二酸正辛基正癸酯有哪些性质及用途？

己二酸正辛基正癸酯简称 NODA。结构式：

$$\begin{array}{c} O \\ \parallel \\ CH_2CH_2C-OC_nH_{2n+1} \\ | \\ CH_2CH_2C-OC_nH_{2n+1} \\ \parallel \\ O \end{array} \qquad (n=8{\sim}10)$$

外观为无色透明液体。相对密度 0.918。沸点 235℃（0.533kPa）。熔点 -5℃。闪点 265℃。燃点 249℃。折射率 1.4470（25℃）。黏度 16mPa·s（20℃）。难溶于水，微溶于甘油、乙二醇及某些胺类，溶于矿物油、汽油和大多数有机溶剂。毒性很小，可用于食品包装材料，可由己二酸和 C_8—C_{10} 正构醇经酯化反应制得。

本品是一种耐寒增塑剂，与聚氯乙烯、氯乙烯共聚物、聚乙酸乙烯酯、硝酸纤维素、乙基纤维素、聚苯乙烯及聚甲基丙烯酸甲酯等聚合物相容，并有优良的耐热、耐抽出及耐光性能，与邻苯二甲酸二辛酯共用可改善制品的低温柔软性、加工稳定性，多用于生产薄膜、片材和挤塑制品等。用于增塑糊时，糊料的初始黏度低，还可用作丁苯橡胶、氯化橡胶等的增塑剂。

17. 己二酸异辛基异癸基酯有哪些性质及用途？

己二酸异辛基异癸基酯简称 IODA。结构式：

$$\begin{array}{c} O \\ \parallel \\ CH_2CH_2C-OC_nH_{2n+1} \\ | \\ CH_2CH_2C-OC_nH_{2n+1} \\ \parallel \\ O \end{array}$$

外观为无色透明液体。相对密度 0.919~0.925。沸点 225℃（0.667kPa）。熔点 -35℃。闪点（开杯）204℃。燃点 243℃。折射率 1.4480（25℃）。黏度 18mPa·s（23℃）。低毒。己二酸和 C_8—C_{10} 异构醇经酯化反应制得。

本品为耐寒性增塑剂，可与聚氯乙烯、聚乙酸乙烯酯、聚苯乙烯、硝酸纤维素、乙基纤维素和乙酸丁酸纤维素等聚合物相容。兼具己二酸二辛酯和己二酸二异癸酯的双重功能，又有挥发性低、低温性能好、耐热及耐光性亦佳等特点，适用于模塑和挤塑制品，如皮鞋、雨鞋、衣服贴边等制品，用于增塑糊时，糊料的初始黏度低。

18. 己二酸辛苄酯有哪些性质及用途？

己二酸辛苄酯简称 BOA。化学式 $C_{21}H_{32}O_4$。结构式：

$$CH_2CH_2C \overset{\displaystyle O}{\underset{\displaystyle O}{\parallel}} OC_8H_{17}$$

$$CH_2CH_2C \underset{\overset{\parallel}{O}}{-} OCH_2 \bigcirc$$

外观为浅黄色液体。相对密度 1.003~1.008(20℃)。沸点 235℃(1.33kPa)。熔点低于 -60℃。闪点(开杯)200~220℃。折射率 1.4790(20℃)。黏度 16mPa·s(20℃)。挥发度低于 1%(90℃、2h)。不溶于水,溶于乙醚、丙酮、苯、四氯化碳等多数有机溶剂。低毒。

本品与聚氯乙烯、氯乙烯共聚物、聚苯乙烯、乙基纤维素、硝酸纤维素、丁腈橡胶、丁苯橡胶、氯丁橡胶等聚合物有良好的相容性,可用作这类聚合物的耐寒性增塑剂,增塑效率高。与邻苯二甲酸二辛酯等主增塑剂并用时有优良的低温特性,可制得柔软而富有弹性的制品。但因本品的渗出性较大,尤其在高温下更甚,故在使用时最好配用其他不渗性增塑剂。

19. 壬二酸二辛酯有哪些性质及用途?

壬二酸二辛酯又称壬二酸二(2-乙基己基)酯,简称 DOZ。化学式 $C_{25}H_{48}O_4$。结构式:

$$\begin{array}{c} C_2H_5 \\ | \\ COOCH_2CH(CH_2)_3CH_3 \\ | \\ (CH_2)_7 \\ | \\ COOCH_2CH(CH_2)_3CH_3 \\ | \\ C_2H_5 \end{array}$$

外观为近乎无色的透明液体。相对密度 0.917(25℃)。沸点 376℃(0.1MPa)。熔点 -65℃。闪点(开杯)227℃。燃点 249℃。折射率 1.446~1.448(25℃)。黏度 15mPa·s(20℃)。挥发度 0.73%(105℃、1h)。不溶于水,溶于醇、醚、酮等多数有机溶剂。低毒,可用于食品包装材料。可在硫酸催化剂存在下,由壬二酸与2-乙基己醇经酯化反应制得。

本品与聚氯乙烯、氯乙烯-乙酸乙烯酯共聚物、聚苯乙烯、硝酸纤维素、乙酸纤维素、聚乙酸乙烯酯等聚合物有良好的相容性。可用作这类聚合物的耐寒增塑剂,具有黏度低、沸点高、增塑效率好、挥发性及迁移性小等特点。其电绝缘性、热稳定性和黏度稳定性优于己二酸二辛酯,适用于制造人造革、薄膜、电线电缆护套及薄板等。对乙烯-乙酸乙烯酯共聚物增塑后,可以在聚交酯聚合物中用作生物降解收缩膜。本品还可用作丁苯橡胶、丁腈橡胶、氯丁橡胶等的增塑剂。

20. 壬二酸二异辛酯有哪些性质及用途？

壬二酸二异辛酯简称 DIOZ。化学式 $C_{25}H_{48}O_4$。结构式：

$$
\begin{array}{l}
COO—C_8H_{17} \\
| \\
(CH_2)_7 \\
| \\
COO—C_8H_{17}
\end{array}
$$

外观为无色透明液体。相对密度 0.918～0.920。沸点 225～244℃（0.533kPa）。熔点 -68℃。闪点（开杯）213～219℃。燃点 241℃。折射率 1.4480～1.4590（25℃）。黏度 8mPa·s（98.9℃）。挥发度 0.72%（105℃、1h）。不溶于水，溶于醇、醚、酮、苯等多数有机溶剂。

本品可用作聚氯乙烯、氯乙烯共聚物、乙基纤维素、硝酸纤维素等聚合物的耐寒性增塑剂，具有优良的低温性能，挥发性低，水抽出性小，光稳定性及热稳定性良好，适用于制造薄膜、软管、片材、挤塑制品及增塑糊等。由于本品性能与壬二酸二辛酯相类似，两者也可相互代用。也可用作丁苯、丁腈橡胶等合成橡胶的增塑剂。

21. 壬二酸二(2-乙基丁基)酯有哪些性质及用途？

壬二酸二(2-乙基丁基)酯简称 DEBZ。化学式 $C_{21}H_{40}O_4$。结构式：

$$
\begin{array}{ll}
O & C_2H_5 \\
\| & | \\
C—OCH_2CHCH_2CH_3 \\
| \\
(CH_2)_7 \\
| \\
C—OCH_2CHCH_2CH_3 \\
\| & | \\
O & C_2H_5
\end{array}
$$

外观为无色透明液体。相对密度 0.931。沸点 230℃（0.667kPa）。熔点 -29.4℃。闪点（开杯）185℃。折射率 1.4430（25℃）。挥发度 1.26%（1.05℃、1h）。毒性较小。

本品与聚氯乙烯、氯乙烯、乙酸乙烯酯共聚物、硝酸纤维素、乙基纤维素、乙酸丁酸纤维素、丁苯橡胶、氯丁橡胶等有良好的相容性。可用作这些聚合物的耐寒性增塑剂，增塑效率高，制品的低温柔韧性和耐水性优良，适于制造透明薄膜、挤塑制品、片材等，也可用于增塑糊。

22. 癸二酸二辛酯有哪些性质？

癸二酸二辛酯又称癸二酸二(2-乙基己基)酯，简称 DOS。化学式 $C_{26}H_{50}O_4$。结构式：

$$
\begin{array}{c}
\text{C}_2\text{H}_5 \\
| \\
\text{COOCH}_2\text{CH(CH}_2)_3\text{CH}_3 \\
| \\
(\text{CH}_2)_8 \\
| \\
\text{COOCH}_2\text{CH(CH}_2)_3\text{CH}_3 \\
| \\
\text{C}_2\text{H}_5
\end{array}
$$

外观为无色至淡黄色透明油状液体。相对密度 0.912~0.916。沸点 212℃(0.133kPa)。熔点 -50~-42℃。闪点(开杯)235~246℃。折射率 1.4470(25℃)。黏度 25mPa·s(25℃)。微溶于水，稍溶于多元醇及某些胺类，溶于醇、醚、酮、芳烃及烃类等有机溶剂。低毒，可用于食品包装材料。可由癸二酸和 2-乙基己醇在硫酸催化剂作用下经酯化反应制得。

23. 癸二酸二辛酯与聚合物的相容性如何？

癸二酸二辛酯与聚氯乙烯等聚合物的相容性见表 4-4。

表 4-4 癸二酸二辛酯与聚合物的相容性

聚合物	聚合物：增塑剂		
	1:1	4:1	9:1
聚氯乙烯	相容	相容	相容
乙基纤维素	相容	相容	相容
硝酸纤维素	相容	相容	相容
乙酸丙酸纤维素	不相容	相容	相容
乙酸丁酸纤维素	不相容	不相容	相容
乙酸纤维素	不相容	不相容	不相容
聚乙烯醇缩丁醛	不相容	不相容	相容
聚乙酸乙烯酯	不相容	不相容	不相容
丁腈橡胶	—	相容	相容
氯化橡胶	相容	相容	相容

24. 癸二酸二辛酯有哪些用途？

本品是一种优良的耐寒性增塑剂，增塑效率高，挥发性低，耐热、耐光和电绝缘性好。可用作聚氯乙烯、氯乙烯共聚物、乙基纤维素、硝酸纤维素及合成橡胶等的增塑剂，适用于制造耐寒电线电缆、人造革、薄膜、片材、板材等制品。制品的低温柔软性可达 -60~-50℃，而且在低温下仍具有较好的耐冲击性，用作合成橡胶的低温增塑剂，对橡胶硫化无影响，用其增塑的丁腈橡胶可用作照相器材中的充电导辊。用于聚硅氧烷，可以降低黏度和提高加工性能。本品的缺点是迁移性较大，易被烃类、溶剂抽出，耐水性能也不太好，因此常与邻苯二甲酸酯类增塑剂并用。

25. 癸二酸二异辛酯有哪些性质及用途？

癸二酸二异辛酯简称 DIOS。化学式 $C_{26}H_{50}O_4$。结构式：

$$
\begin{array}{l}
\quad\quad O \quad\quad\quad H_3C \;\; CH_3 \\
\quad\quad \| \quad\quad\quad\quad | \quad\; | \\
CH_2CH_2COO(CH_2)_3CHCHCH_3 \\
| \\
(CH_2)_4 \\
| \\
CH_2CH_2COO(CH_2)_3CHCHCH_3 \\
\quad\quad \| \quad\quad\quad\quad | \quad\; | \\
\quad\quad O \quad\quad\quad H_3C \;\; CH_3
\end{array}
$$

外观为清亮液体，微具气味。相对密度 0.912~0.916。沸点 256℃（0.667kPa）。熔点 -50~-42℃。闪点（开杯）235℃。燃点 257~263℃。折射率 1.4490~1.4510（25℃）。黏度 22.6mm²/s（25℃）。微溶于水及二元醇，溶于醇、酮、酯类及芳烃溶剂。低毒，可用于食品包装材料。可在硫酸催化下，由癸二酸与异辛醇经酯化反应制得。

本品与聚氯乙烯、聚苯乙烯、氯乙烯共聚物、聚甲基丙烯酸甲酯、乙基纤维素及合成橡胶等聚合物有良好相容性。可用作这些聚合物的耐寒增塑剂，具有增塑效率高、挥发性低、耐寒及耐光性好、电绝缘性好等特点。适用于制造耐寒电线电缆、薄膜、片材及人造革等。用其制作的增塑糊，糊料初始黏度低，储存稳定性好。用于泡沫塑料制造，可制作微孔泡沫、绝缘材料泡沫、防水泡沫塑料及定型泡沫器具等。本品的主要缺点是耐抽出性差，而且价格也较高。

26. 癸二酸二苄酯有哪些性质及用途？

癸二酸二苄酯简称 DBS。化学式 $C_{24}H_{30}O_4$。结构式：

$$
\begin{array}{l}
\quad\quad O \\
\quad\quad \| \\
CH_2CH_2COCH_2-\bigcirc \\
| \\
(CH_2)_4 \\
| \\
CH_2CH_2COCH_2-\bigcirc \\
\quad\quad \| \\
\quad\quad O
\end{array}
$$

外观为琥珀色清亮液体，在 25℃ 以下是固体，微有水果气味。相对密度 1.05（25℃）。沸点 265℃（0.533kPa）。熔点 25~28℃。闪点（开杯）236℃。燃点 250℃。折射率 1.5210（25℃）。黏度 0.28mPa·s（25℃）。不溶于水，微溶于丁醇，溶于多数通用有机溶剂。低毒。可在催化剂存在下，由癸二酸与苯甲醇经酯化反应制得。

本品与聚苯乙烯、聚乙烯醇缩丁醛、聚甲基丙烯酸甲酯及硝酸纤维素等相容，而与聚氯乙烯、乙酸纤维素、氯乙烯-乙酸乙烯酯等共聚物部分相容。本品广泛用作合成橡胶及天然橡胶的增塑剂，具有挥发性小、高温持久性和低温柔软性好等特点。用于聚氯乙烯时，耐久性好、电性能优良，但常需与其他增塑剂并用，以保证制品性能，也可用于硝酸纤维素增塑，使乙基纤维素增塑性能变好，但不能用于乙酸纤维素的增塑。

27. 癸二酸二正丁酯有哪些性质及用途？

癸二酸二正丁酯又称癸二酸丁酯，简称 DBS。化学式 $C_{18}H_{34}O_4$。结构式：

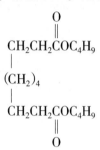

外观为无色至浅黄色透明状液体，微具气味。相对密度 0.934～0.936。沸点 349℃（0.1MPa）。熔点－11℃。闪点（开杯）177℃。燃点 211～218℃。折射率 1.4400～1.4423（20℃）。黏度 10mPa·s（20℃）。微溶于水，溶于醇、醚、酮及芳烃等有机溶剂。低毒，可用于食品包装材料。可由癸二酸与正丁醇在硫酸催化下经酯化反应制得。

本品与聚氯乙烯、氯乙烯-乙酸乙烯酯共聚物、聚苯乙烯、聚甲基丙烯酸甲酯、乙基纤维素、硝酸纤维素、酚醛树脂、脲醛树脂等相容，可用作这些聚合物的耐寒增塑剂，热稳定性和光稳定性好，可赋予制品良好的低温柔软性，制品手感亦好。是食品包装材料较好的增塑剂，制成的膜光亮透明，并具低温柔性。可与氯化橡胶等制成涂料漆。也用于以乙基纤维素为基料的长效糖衣配方和感光膜。本品的缺点是挥发性较大，易迁移，易被水、肥皂水及洗涤液抽出，在制品中的持久性较差，故常需与耐久性较好的邻苯二甲酸酯类增塑剂并用，以提高其耐久性。

28. 戊二酸二辛酯有哪些性质及用途？

戊二酸二辛酯简称 DOG。化学式 $C_{21}H_{40}O_4$。结构式：

$$C_8H_{17}OCCH_2CH_2CH_2COC_8H_{17}$$
$$\underset{O}{\|} \qquad \underset{O}{\|}$$

外观为油状液体。相对密度 0.927～0.933。闪点（开杯）高于 185℃。酸值小于 0.2mg KOH/g。不溶于水，溶于醇、醚、酮、苯及氯化烃等有机溶剂。在硫酸催化剂存在下，可由戊二酸与辛醇经酯化反应制得。无毒，可用于食品包装材料。

本品与聚氯乙烯有较好相容性。适用于聚氯乙烯软制品，增塑效率高，所得制品如薄膜、人造革、电线电缆等具有优良的耐寒性、耐老化性及热稳定性。用于塑溶胶时，初期黏度高，黏度稳定性好。

29. 戊二酸二异癸酯有哪些性质及用途？

戊二酸二异癸酯简称 DIDG。化学式 $C_{25}H_{48}O_4$。结构式：

$$H_{21}C_{10}O—CCH_2CH_2CH_2C—OC_{10}H_{21}$$

外观为黄色油状液体。相对密度 0.919(25℃)。熔点 -65℃。闪点(开杯)205℃。燃点218℃。折射率 1.450(25℃)。黏度 23mPa·s(25℃)。不溶于水，溶于醇、醚、酮、苯、矿物油等。

本品与聚氯乙烯、氯乙烯共聚物及多数合成橡胶的相容性好。可用作这些聚合物的低温增塑剂，具有优良的耐寒性、耐热性，加工性能好。可赋予制品良好的低温柔性及耐热老化性。可在催化剂存在下，由戊二酸与异癸醇经酯化反应制得。

30. 戊二酸二丁氧基乙酯有哪些性质及用途?

戊二酸二丁氧基乙酯的化学式为 $C_{17}H_{32}O_6$。结构式：

$$C_4H_9OCH_2CH_2O—CCH_2CH_2CH_2C—OCH_2CH_2OC_4H_9$$

外观为油状液体。相对密度 1.00(25℃)。熔点低于 -60℃。闪点(开杯)193℃。折射率1.440(25℃)。黏度 70mPa·s(25℃)。不溶于水，溶于醇、醚、酮、芳烃及矿物油等。

本品与聚氯乙烯及氯乙烯共聚物相容，可用作这类聚合物的增塑剂，也可用于硝酸纤维素、乙酸丁酸纤维素的增塑，制品有良好的耐热老化性及耐低温性。

五、磷酸酯类增塑剂

1. 磷酸酯类增塑剂有哪些类型？

磷酸酯是磷酸的衍生物。磷酸酯的通式为：

$$O = P \begin{array}{l} \diagup OR_1 \\ - OR_2 \\ \diagdown OR_3 \end{array}$$

其中，R_1、R_2、R_3 可以是烷基、芳基或卤代烷基，磷酸酯类增塑剂大致可分为以下几类：

（1）磷酸烷基酯，如磷酸三甲酯、磷酸三乙酯、磷酸三丁酯、磷酸三异丁酯、磷酸三(2-乙基己基)酯、磷酸三(丁氧基乙基)酯、磷酸二(2-乙基己基酯)、磷酸二(2-乙基己基)羟丙酯等。

（2）磷酸芳基酯，如磷酸三甲酚酯、磷酸一甲酚二苯酚酯、磷酸三(对甲酚)酯、磷酸二邻甲酚酯等。

（3）磷酸烷基芳基酯，如磷酸一辛基二苯酚酯、磷酸异癸基二苯酚酯等。

（4）含卤磷酸酯，如磷酸三(2-氯乙基)酯、磷酸三(2，3-二氯丙基)酯、磷酸三(2，3-二溴丙基)酯、磷酸二(2，3-二氯丙基)辛酯等。

2. 磷酸酯类增塑剂有哪些特性？

磷酸酯是聚氯乙烯增塑剂中最早使用的品种之一，与邻苯二甲酸酯相比，磷酸酯具有更高的极限需氧指数(LOI)，因而具有很好的阻燃性能，它们是聚氯乙烯、聚丙烯酯、纤维素衍生物的良好增塑剂。

磷酸酯类增塑剂对聚氯乙烯的增塑作用，因其结构不同而有很大的差异，增塑效率往往随分子中芳香性结构的增加而下降，而溶解能力则相反。如磷酸三芳基酯的阻燃性比磷酸三烷基酯好，但它与聚氯乙烯的相容性则较差。一般来说，磷酸酯类增塑剂具有以下特性。

（1）相容性。磷酸酯类增塑剂与聚氯乙烯、纤维素、聚乙烯、聚苯乙烯等多种树脂和合成橡胶有良好的相容性。

（2）阻燃性。所有磷酸酯都有阻燃作用。其阻燃性随磷含量增大而提高，并逐步由自熔性转为难燃性，在分子中引入卤原子可提高其阻燃性，分子中烷基结构越少，其阻燃性越好。此外，磷酸酯也是一种消烟剂。卤代磷酸酯几乎全作阻燃剂使用。

（3）耐霉菌性。磷酸酯类增塑剂大多具有较强的耐霉菌性。

（4）耐候性。不同品种的磷酸酯，其耐候性有所不同，如磷酸三烷基酯的低温性能特别好，但挥发性较大；磷酸三芳基酯的耐寒性较差，但挥发损失小。

（5）毒性。磷酸酯类大多数有毒，除磷酸-2-乙基己基二苯酯及磷酸三辛酯外，一般不用于食品包装材料。一些磷酸酯能引起皮肤炎症及对神经系统产生损害。

（6）价格。磷酸酯类增塑剂价格较高，故常与苯二甲酸酯类或其他价廉的增塑剂掺混使用。

3. 磷酸酯类增塑剂是怎样制造的？

磷酸酯的制造是由三氯氧磷（或三氯化磷）与醇（或酚）经酯化反应制得，反应通式为：

$$POCl_3 + R—OH \longrightarrow (RO)_3PO + 3HCl$$

其中，R——烷基或芳基，R—OH 可以是各类不同的醇或苯酚。一般来说，醇较酚活泼，用醇制磷酸烷基酯时温度较低，对于芳香酯，如磷酸三苯酯，由三氯氧磷和苯酚反应时，单酯和双酯的生成较快，但三酯化十分缓慢，需用催化剂来加快反应速率。同时生成副产物氯化氢，氯化氢不仅会腐蚀设备，而且还会引起副反应，影响产品收率及质量。为此，工业生产常采用减压反应和通入惰性气体，以快速排除生成的氯化氢。

磷酸酯工业生产方法大致相同，但因所用原料及工艺条件不同，所产生的副产物及量也有所不同。

为了提高磷酸酯的阻燃性，可在分子中引入氯原子。含氯磷酸酯可由三氯氧磷和环氧化合物反应得到：

$$POCl_2 + 3RCH—CH_2 \underset{O}{\diagdown\!\!\diagup} \longrightarrow (ClRCHCH_2O)_3PO$$

其中，R 代表 H、CH_3、CH_2Cl 等。上述反应的环氧三元环在较为温和条件下就能打开，故反应生成单酯时的速度较快，二酯和三酯的生成较难，需使用特定的催化剂，如无水三氯化铝、四氯化钛及三氯化磷等。

4. 磷酸三丁酯有哪些性质及用途？

磷酸三丁酯又称磷酸正丁酯，简称 TBP。化学式 $C_{12}H_{27}O_4P$。结构式：

$$\begin{matrix} C_4H_9O \\ C_4H_9O \\ C_4H_9O \end{matrix} \!\!\!\! P=O$$

外观为无色透明液体，无臭。相对密度 0.978。熔点低于 $-80^\circ C$。沸点 $289^\circ C$（分解）。闪点 $146^\circ C$。燃点 $204^\circ C$。折射率 1.4215（$25^\circ C$）。黏度 4.1mPa·s（$25^\circ C$）。微溶于水，溶于多数有机溶剂和烃类。易燃，中等毒性，对皮肤、黏膜及眼睛有刺激性。

本品与硝酸纤维素、乙酸纤维素、乙酸丁酸纤维素、乙基纤维素、聚甲基丙烯酸甲酯、聚乙酸乙烯酯、聚苯乙烯及酚醛树脂相容，而与聚氯乙烯部分相容，可用作这些聚合物的增塑剂，可赋予制品良好的阻燃性、耐寒性及耐光性。但因本品沸点低，挥发损失大，用作增塑剂应用有限，多用作涂料和黏合剂的溶剂、润滑油添加剂、金属萃取剂、乳液消泡剂等。

5. 磷酸三丁酯是怎样制造的?

磷酸三丁酯一般是以三氯氧磷与丁醇经酯化反应制得,反应式为:

$$POCl_3 + 3C_4H_9OH \longrightarrow (C_4H_9O)_3OP + 3HCl$$

该反应可在常温下进行,无须加入催化剂,但也有使用 $TiCl_4$ 作催化剂以减少副反应,酯化反应温度为 30℃,反应结束后,升温脱除 HCl,粗酯用碱中和、水洗、脱醇、减压蒸馏得到成品,简要工艺过程如下:

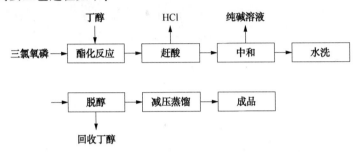

6. 磷酸三辛酯有哪些性质?

磷酸三辛酯又称磷酸三(2-乙基己基)酯,简称 TOP。化学式 $C_{24}H_{51}O_4P$。结构式:

$$(CH_3(CH_2)_3 \overset{\overset{\textstyle C_2H_5}{|}}{CHCH_2O})_3PO$$

外观为无色至浅黄色透明状黏稠液体。相对密度 0.926。沸点 216℃(0.533kPa)。熔点低于-90℃。闪点(开杯)215.6℃。折射率 1.4410(24℃)。黏度 14.1mPa·s(25℃)。微溶于水,溶于丙酮、苯,与汽油及矿物油混溶。低毒,可用于食品包装材料。其制法与磷酸三丁酯相似,可由三氯氧磷与 2-乙基己醇经酯化反应制得。

7. 磷酸三辛酯与聚合物的相容性如何?

磷酸三辛酯与聚氯乙烯等聚合物的相容性见表 5-1。

表 5-1 磷酸三辛酯与聚合物的相容性

聚合物	聚合物:增塑剂		
	1:1	4:1	9:1
聚氯乙烯	相容	相容	相容
氯乙烯-乙酸乙烯酯共聚物	相容	相容	相容
聚乙烯醇缩丁醛	相容	相容	相容
乙基纤维素	相容	相容	相容
硝酸纤维素	相容	相容	相容
乙酸丁酸纤维素(37%丁酰基)	相容	相容	相容

聚合物	聚合物：增塑剂		
	1：1	4：1	9：1
乙酸丁酸纤维素（17%丁酰基）	不相容	不相容	部分相容
聚苯乙烯	不相容	相容	相容
聚乙酸乙烯酯	不相容	不相容	不相容
乙酸纤维素	不相容	不相容	不相容
聚甲基丙烯酸甲酯	不相容	不相容	不相容
氯化橡胶	相容	相容	相容

8. 磷酸三辛酯有哪些用途？

本品用作乙烯基树脂、纤维素树脂及合成橡胶等的阻燃性增塑剂，耐寒性优良。低温性能优于己二酸酯类增塑剂。用于聚氯乙烯时，制品在-60℃仍能保持良好的柔软性，而且耐光性、耐水性、防霉性及电绝缘性良好。用于增塑糊时，糊料的黏度低，储存稳定。本品塑化性能较差，与磷酸三甲苯酯并用可得到改善，与邻苯二甲酸二辛酯并用可制成自熄性产品。由于本品的低黏度和对聚氯乙烯的强溶解力，因此也是制造硬聚氯乙烯糊的优良分散剂。本品挥发性虽然不高，但迁移性大，热稳定性也稍差，故应用受到限制。磷酸三辛酯也用作油类添加剂及用于蒽醌法制造过氧化氢等。

9. 磷酸三苯酯有哪些性质及用途？

磷酸三苯酯简称 TPP。化学式 $C_{18}H_{15}O_4P$。结构式：

$$C_6H_5O$$
$$C_6H_5O \!\!-\!\! P \!\!=\!\! O$$
$$C_6H_5O$$

外观为白色针状结晶或粉末，无臭。相对密度 1.185（25℃）。沸点 245℃（1.467kPa）。熔点 48.4~49℃。闪点（开杯）223℃。折射率 1.5630（25℃）。黏度 11mPa·s（50℃）。挥发度 1.15%（104℃，6h）。不溶于水，溶于乙醇，易溶于乙醚、苯、丙酮及氯仿等溶剂。中等毒性，不能用于直接接触食品的制品。

本品与乙酸丁酸纤维素、乙酸丙酸纤维素、乙基纤维素及合成橡胶等相容，与聚氯乙烯、聚乙酸乙烯酯不相容，需加入辅助增塑剂才能与聚氯乙烯相容。可用作纤维素树脂、天然橡胶和合成橡胶、酚醛树脂等的阻燃性辅助增塑剂，具有挥发性低、阻燃性能好等特点，制品具有透明性、柔软性及强韧性，可用于制造薄膜、蒙布漆、油纸、蜡纸坯料及膜塑料等。但本品的耐光性差，易变色，不适用于白色或浅色制品。此外，本品用量过多时会产生结晶析出的现象。与邻苯二甲酸二丁酯共用可防止或减少析出。本品也在黏胶纤维中作为樟脑的不燃性代用品，以及用作制取磷酸三甲酯的原料。

10. 磷酸三苯酯是怎样制造的?

制造磷酸三苯酯的方法有热法、冷法及碱法等方法。

(1) 热法，又称三氯氧磷直接法。是将苯酚以吡啶和苯为溶剂，在低于10℃下与三氯氧磷反应，反应物经水洗、脱水、减压蒸馏、结晶而制得成品，其反应式为:

$$3 \langle C_6H_5 \rangle\text{—OH} + POCl_3 \longrightarrow (C_6H_5O)_3PO + 3HCl\uparrow$$

(2) 冷法，又称三氯化磷间接法。苯酚熔融后，先与三氯化磷生成亚磷酸三苯酯:

$$3 \langle C_6H_5 \rangle\text{—OH} + PCl_3 \xrightarrow{40℃} (C_6H_5O)_3P + 3HCl\uparrow$$

然后亚磷酸三苯酯同 Cl_2 反应生成二氯代磷酸三苯酯:

$$(C_6H_5O)_3P + Cl_2 \xrightarrow{70℃} (C_6H_5O)_3PCl_2$$

再将二氯代磷酸三苯酯水解生成磷酸三苯酯:

$$(C_6H_5O)_3PCl_2 + H_2O \xrightarrow{80℃} (C_6H_5O)_3PO + 2HCl$$

粗酯经水洗、中和、减压蒸馏、结晶得到成品。

(3) 碱法。上述热法及冷法在反应过程中都会产生 HCl，不仅腐蚀设备，还会引起副反应并降低反应速率。碱法是由苯酚与三氯氧磷在碱性水溶液存在下反应生成磷酸三苯酯:

$$3 \langle C_6H_5 \rangle\text{—OH} + POCl_3 \xrightarrow[60℃]{NaOH} (C_6H_5O)_3PO + 3HCl$$

此法具有反应时间短、操作条件温和、腐蚀性小及污染少等特点。

11. 磷酸三甲苯酯有哪些性质及用途?

磷酸三甲苯酯又称磷酸三甲酚酯，简称 TCP。化学式 $C_{21}H_{21}O_4P$。结构式:

$$\left[\langle C_6H_4 \rangle\text{—O} \right]_3 \!\!-\!\! P\!=\!\!O$$
$$\text{CH}_3$$

为甲酚各种异构体混合物的磷酸酯。外观为无色至淡黄色透明油状液体，无臭，略有荧光。相对密度 1.162(25℃)。沸点 265℃(1.33kPa)。熔点 -34℃。闪点(开杯)230℃。折射率 1.5575(20℃)。黏度 120mPa·s(20℃)。挥发度 0.15%(100℃、6h)。不溶于水，溶于丙酮、苯、醚类及醇类等有机溶剂，与汽油、矿物油等混溶。有毒，对人体中枢有毒害作用，不可用于食品及医药包装材料，也不可用于儿童玩具。

本品与乙酸纤维素、乙基纤维素、乙酸丙酸纤维素、乙酸丁酸纤维素、聚氯乙烯、聚苯乙烯、氯乙烯共聚物、酚醛树脂等有较好的相容性，可用作这些聚合物的阻燃性增塑剂，具有水解稳定性好、耐油性和电绝缘性优良、耐真菌性高等特点。用于聚氯乙烯人造革、薄膜、片材、地板料、电线电缆料及运输带等制品时，可改善制品的加工性、防污染性、防霉性及阻燃性。本品与大多数油漆用树脂相容性好，可增加漆膜的柔软性。用于合成橡胶时，可使制品柔软持久，耐油、耐水及难燃。还用于生产润滑剂，在汽油中加入本品可以防止火花塞积炭。本品的缺点是有一定毒性，耐寒性较差，可通过与耐寒性增塑剂并用加以改善。

12. 磷酸三甲苯酯是怎样制造的？

磷酸三甲苯酯的制造是以混合甲酚为原料，与三氯化磷混合，于40℃左右反应0.5h，生成亚磷酸三苯酯，随后通入氯气。将亚磷酸三苯酯转化为二氯代磷酸三苯酯，然后在80℃下加水使其水解成磷酸三甲苯酯，再经中和、洗涤、蒸发脱水、减压蒸馏制得成品，其工艺过程如下：

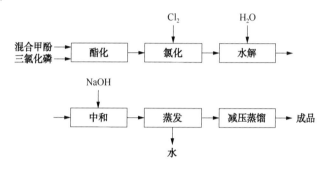

13. 磷酸-2-乙基己基二苯酯有哪些性质及用途？

磷酸-2-乙基己基二苯酯又称磷酸二苯-2-乙基己酯、磷酸二苯辛酯，简称DPOP。化学式$C_{20}H_{27}O_4P$。结构式：

$$
\begin{array}{c}
\text{（苯基）—O} \quad \text{O} \\
\diagdown \quad \diagup\diagup \\
P \\
\diagup \quad \diagdown \\
\text{（苯基）—O} \quad OCH_2CH(CH_2)_3CH_3 \\
\qquad\qquad\qquad\quad | \\
\qquad\qquad\qquad CH_2CH_3
\end{array}
$$

外观为无色透明液体，微具甜味。相对密度1.080~1.090。沸点239℃（1.33kPa）。熔点-54℃。闪点（开杯）200℃。折射率1.5061（25℃）。黏度21~23mPa·s（20℃）。不溶于水，溶于丙酮、氯仿、苯、乙醇及汽油矿物油等溶剂。是磷酸酯类增塑剂中毒性最低的品种，可用于食品包装材料。

本品与聚氯乙烯、氯乙烯-乙酸乙烯酯共聚物、聚苯乙烯、聚甲基丙烯酸甲酯、聚乙烯醇缩丁醛、聚乙酸乙烯酯、乙基纤维素、硝酸纤维素、乙酸丁酸纤维素等聚合物有良好的相容性，可用作这些的阻燃性增塑剂。而且挥发性低，耐寒性及耐候性也好。用于聚氯乙烯薄膜时，可提高抗张强度，改善耐磨性。与用磷酸三甲苯酯相比，制品的耐油性、热稳定性及光稳定性提高。与邻苯二甲酸酯类增塑剂并用时，可提高制品的韧性和耐候性。也用作合成橡胶的阻燃性增塑剂。本品基本无毒，可用于补齿材料、医用床垫、注射器及输油管路等制品。

14. 磷酸-2-乙基己基二苯酯是怎样制造的？

可由 2-乙基己醇与三氯氧磷反应，再与苯酚钠进行酯化反应制得，即在低温状态下，往 2-乙基己醇中滴入三氯氧磷，使之生成二酰氯化物，然后将二酰氯化物加入低温（约 5℃）的苯酚钠中，逐渐升温至 40℃ 进行酯化反应，反应产物经洗涤、薄膜蒸发多余的苯酚、脱色、压滤而制得成品，其工艺过程如下：

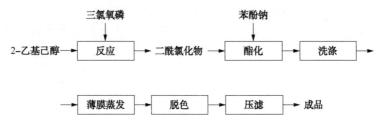

15. 磷酸甲苯二苯酯有哪些性质及用途？

磷酸甲苯二苯酯又称磷酸一甲苯二苯酚酯，简称 CDP。化学式 $C_{19}H_{14}O_4P$。结构式：

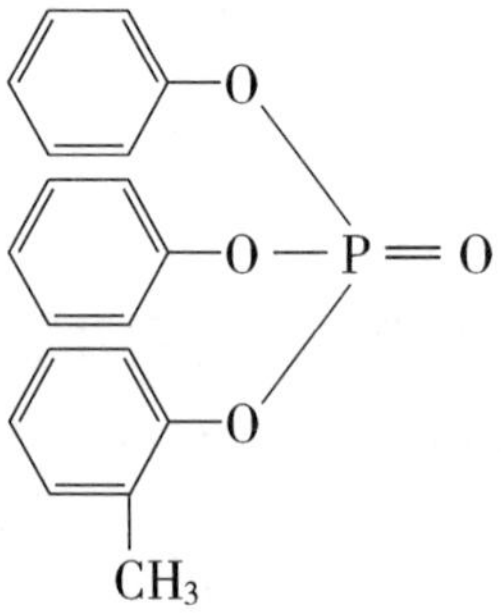

$$
\begin{array}{c}
\text{（结构式见图）}
\end{array}
$$

外观为无色的清亮液体，无臭。相对密度 1.197~1.212。沸点 360℃。熔点-30℃。闪点（开杯）233~237℃。燃点大于 400℃。折射率 1.5600（25℃）。黏度 30mPa·s（60℃）。挥发度 0.3%（100℃、10h）。不溶于水，溶于丙酮、苯、氯仿及矿物油等溶剂。有一定毒性，不能用于接触食品的制品。

本品与聚氯乙烯、氯乙烯共聚物、聚乙烯醇缩丁醛、乙基纤维素、乙酸丁酸纤维素、硝酸纤维素、天然橡胶和合成橡胶等聚合物相容，可用作这些聚合物的阻燃性增塑剂。与磷酸三甲苯酯相比，两者的阻燃性、耐久性及电性能相似，但本品的溶剂化能力和增塑性效率高，低温特性和制品的耐磨性好。一般情况下，两者可用于相同的配方中。但本品为液态，使用时比黏稠的磷酸三甲苯酯更方便。对硝基纤维素溶解力比磷酸三甲苯酯更强，制成的膜比较柔软。本品用作合成橡胶增塑剂时，对胶料的储存稳定性及硫化特性无影响。

16. 磷酸三氯乙酯有哪些性质及用途？

磷酸三氯乙酯又称磷酸三（2-氯乙基）酯。化学式 $C_6H_{12}O_4PCl_3$。结构式：

$$Cl—CH_2—CH_2O$$
$$Cl—CH_2—CH_2O—P=O$$
$$Cl—CH_2—CH_2O$$

外观为无色透明液体。相对密度 1.425。沸点 194℃（1.33kPa）。熔点 -62℃。闪点（开杯）232℃。燃点 291℃。热分解温度 240～280℃。折射率 1.4725（20℃）。黏度 40mPa·s（22.8℃）。不溶于水，溶于醇、酮、酯、苯、甲苯、氯仿等溶剂。与氯仿及四氯化碳混溶。有经口毒性。

本品分子结构中含有氯、磷两种元素，其阻燃性是磷酸酯增塑剂中阻燃性能最好的品种，并且有优良的低温性和抗紫外线性能，而且只有在 235℃用火焰直接点燃其蒸气方可燃烧，移去火源则自行熄灭。用作阻燃剂，不仅可提高塑料制品的阻燃级别，还能提高制品的耐寒性、耐水性、耐酸性及抗静电性能，主要用于以硝酸纤维素、乙酸纤维素为基质的阻燃性涂料和塑料，也是聚酯、聚氨酯、丙烯酸树脂、酚醛树脂、醇酸树脂及氯化橡胶等的阻燃性增塑剂。本品与聚氯乙烯虽然相容，但易产生喷霜，制品的柔软性较差，故常用作辅助增塑剂。

17. 磷酸三氯乙酯是怎样制造的？

磷酸三氯乙酯有三种制法。

（1）三氯氧磷法。是由三氯氧磷与氯乙醇在硫酸催化下经酯化反应制得：

$$POCl_3+3ClCH_2CH_2OH \xrightarrow{H_2SO_4} (ClCH_2CH_2O)_3PO+3HCl\uparrow$$

此法需进一步处理由反应产生的大量氯化氢。

（2）三氯化磷法。是由三氯化磷与氯乙醇反应后再经氧化制得，反应式：

$$PCl_3+3ClCH_2CH_2OH \longrightarrow (ClCH_2CH_2O)_3P+3HCl\uparrow$$

$$(ClCH_2CH_2O)_3P \xrightarrow[SO_3 \text{ 或 } KMnO_4]{[O]} (ClCH_2CH_2O)_3PO$$

此法工艺步骤多，也有废盐酸产生，故采用较少。

（3）三氯氧磷与环氧乙烷反应法。是在三氯氧磷中加入 $TiCl_4$ 催化剂，在 30～50℃下分批通入环氧乙烷进行酯化反应，再经脱除环氧乙烷、碱中和、水洗、脱色、脱水、压滤制得成品，其工艺过程如下：

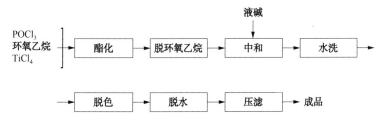

此法因反应直接生成产物，没有废氯化氢处理及设备腐蚀问题，是工业上常用的方法。所用催化剂除 $TiCl_4$ 外，也可用 $Ti(OC_4H_9)$、$NaVO_3$ 及 $VOCl_3$ 等。

18. 磷酸三(丁氧基乙基)酯有哪些性质及用途?

磷酸三(丁氧基乙基)酯简称 TBEP。化学式 $C_{18}H_{39}O_7P$。结构式:

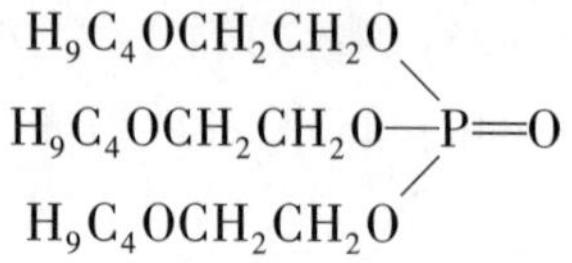

$$H_9C_4OCH_2CH_2O$$
$$H_9C_4OCH_2CH_2O—P{=}O$$
$$H_9C_4OCH_2CH_2O$$

外观为淡黄色或微黄色液体。相对密度 1.020(25℃)。沸点 222℃(433Pa)。熔点 -70℃。闪点(开杯)224℃。燃点 245℃。折射率 1.4340(25℃)。黏度 12.2mPa·s(20℃)。难溶于水,微溶于甘油、乙二醇,溶于乙醚、苯、丙酮等多数有机溶剂及矿物油。有经口毒性,不能用于与食品接触的包装材料。

本品与聚氯乙烯、氯乙烯-乙酸乙烯共聚物、聚乙烯醇缩丁醛、聚乙酸乙烯酯、聚甲基丙烯酸甲酯、乙基纤维素、乙酸纤维素、硝酸纤维素及合成橡胶等有良好的相容性。可用作这些聚合物的阻燃性增塑剂,具有良好的加工性,可提高制品的阻燃性、低温柔软性。增塑后的硝酸纤维素薄膜制品柔软透明。在涂料工业中可用作地板漆的配料。本品的缺点是迁移性较大,需与其他增塑剂共用以降低迁移性。

19. 磷酸三(丁氧基乙基)酯是怎样制造的?

磷酸三(丁氧基乙基)酯是从磷酸、环氧乙烷及正丁醇为主要原料制得。先由正丁醇与环氧乙烷在催化剂存在下反应生成丁氧基乙醇,反应式:

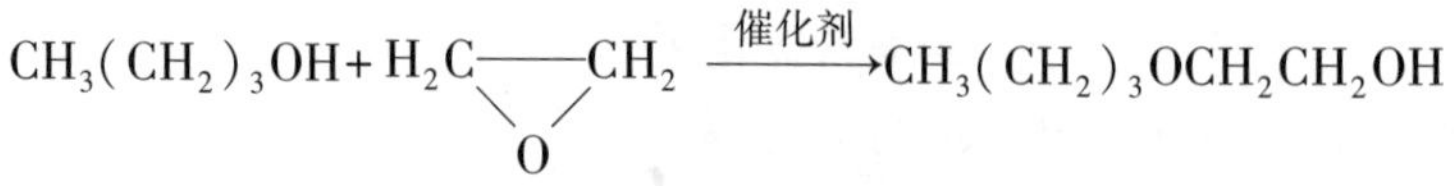

$$CH_3(CH_2)_3OH + H_2C{-}\!\!\!{-}CH_2 \xrightarrow{\text{催化剂}} CH_3(CH_2)_3OCH_2CH_2OH$$
$$O$$

所用催化剂为三氟化硼-乙醚络合物,反应温度 80℃,经精制后制得纯品。

然后,由丁氧基乙醇在硫酸催化下与磷酸进行酯化反应,粗酯经中和、水洗、减压蒸馏即得到磷酸三(丁氧基乙基)酯。

六、多元醇酯类增塑剂

1. 什么是多元醇酯类？

醇可根据其分子中所含羟基的数目分为一元醇、二元醇、三元醇等。二元和三元以上的醇统称为多元醇，多元醇酯是由两个或两个以上羟基的脂肪醇与脂肪族羧酸或芳香族羧酸所生成的酯。所用多元醇有乙二醇、一缩二乙二醇、三缩三乙二醇、三缩四乙二醇、聚乙二醇、乙基乙二醇、丙二醇、一缩二丙二醇、聚丙二醇、1,3-丁二醇、1,4-丁二醇、聚丁二醇、丙三醇、季戊四醇、蔗糖、山梨糖醇、三甲基戊二醇等；所用羧酸有甲酸、乙酸、丙酸、丁酸、己酸、辛酸、月桂酸、蓖麻油酸、硬脂酸等 C_1—C_{14} 脂肪酸。芳香族羧酸有苯甲酸、邻苯二甲酸等。此外，也可用丙烯酸、甲基丙烯酸等。

2. 多元醇酯类增塑剂有哪些主要类型？

多元醇酯类增塑剂品种很多，按其分子结构不同，大致可分为以下一些类型。

（1）多元醇脂肪酸酯。多元醇脂肪酸酯是由二元醇、多缩二元醇及其他多元醇与脂肪酸或含醚官能团的脂肪酸所生成的酯。其中，二元醇脂肪酸酯与聚氯乙烯的相容性与脂肪族二元酸酯相类似，都不太好，一般常用作辅助增塑剂。

（2）多元醇苯甲酸酯。多元醇苯甲酸酯是由二元醇、多缩二元醇及蔗糖、山梨糖醇等与一个苯甲酸或多个苯甲酸构成的酯（如二乙二醇二苯甲酸酯）。其中，多元醇二苯甲酸酯是聚氯乙烯、聚乙酸乙烯酯及乳液黏结剂的单体型增塑剂。

（3）甘油脂肪酸酯。甘油脂肪酸酯是由甘油与各种脂肪酸取代的脂肪酸所生成的酯，其中甘油三乙酸酯具有优良的溶剂化能力，是一种无毒增塑剂，可用于食品包装材料及生产香烟过滤嘴等。

（4）季戊四醇酯。季戊四醇酯和双季戊四醇酯是由季戊四醇与脂肪酸或苯甲酸所生成的酯。这类增塑剂的增塑效率高，耐热、耐老化、耐抽出、电性能好，而且高温氧化后物理性能保留率高，最适合用于制作耐高温电缆料。

（5）多元醇邻苯二甲酸酯。多元醇邻苯二甲酸酯是由邻苯二甲酸酐与各种多元醇、苄醇等生成的酯（如邻苯二甲酸二甲氧基乙酯）。这类增塑剂的溶解力强，可用作聚氯乙烯、合成橡胶等的增塑剂，尤适用于多种纤维素的增塑，被增塑的纤维素膜柔韧、耐高温、拉伸强度好。

3. 多元醇酯类增塑剂有哪些特性？

（1）多元醇酯大多是液体或结晶固体，不溶于水，溶于酮、酯、醚及芳烃等溶剂，对热稳定，在溶剂成膜中相容性较好，但在没有溶剂的热成膜中则难相容。

（2）多元醇酯类通常与聚氯乙烯有较好的相容性。多元醇酯中，随着多元醇分子中碳链的增加，醚键也重复出现，醚键能影响多元醇酯与聚氯乙烯的溶解力和相容性，并提高对水的敏感性。多元醇酯也与其他树脂、纤维素和橡胶有较好的相容性。

（3）多元醇酯的低温性能好，耐热、耐老化、耐污染、耐抽出及电性能都较好。其中，双季戊四醇酯最宜作耐热和耐高温电缆及电绝缘材料的增塑剂，而较高分子量的多元醇苯甲酸酯或多元醇邻苯二甲酸有良好的耐污染性，它们适合制造地板料、黏合剂及建筑装饰料。

（4）多元醇酯类增塑剂的毒性较小，有的甚至无毒，可用于食品包装材料。此外，它们多数具有较好的耐霉菌和细菌能力。

4. 多元醇酯类增塑剂是怎样制造的？

多元醇酯类增塑剂是由二元醇、多元醇或多缩二元醇与有机羧酸（脂肪酸、苯甲酸、邻苯二甲酸等）在带水剂和催化剂存在下进行酯化反应，酯化生成的水不断被带水剂蒸出，生成的粗酯用碱中和、水洗、减压脱醇、蒸馏而得成品。催化剂传统用硫酸，为减少设备腐蚀及环境污染，可采用钛酸酯、氧化锡或分子筛等作催化剂。其工艺过程如下：

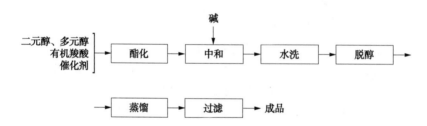

5. 二甘醇二苯甲酸酯有哪些性质？

二甘醇二苯甲酸酯又称二苯甲酸二甘醇酯、一缩二乙二醇二苯甲酸酯。化学式 $C_{18}H_{18}O_5$。结构式：

$$\text{（苯环）}-\overset{\displaystyle O}{\overset{\|}{C}}-OCH_2CH_2OCH_2CH_2O-\overset{\displaystyle O}{\overset{\|}{C}}-\text{（苯环）}$$

为微具气味液体，低温时为固体。相对密度 1.176～1.178。沸点 236～240℃（0.667kPa）。熔点 28℃。闪点（开杯）232℃。折射率 1.5424～1.5449（20℃）。黏度 160mPa·s（25℃）。不溶于水，溶于醚、酮、芳烃等有机溶剂。

6. 二甘醇二苯甲酸酯与聚合物的相容性如何？

二甘醇二苯甲酸酯与聚合物的相容性见表6-1。

表6-1　二甘醇二苯甲酸酯与聚合物的相容性

聚合物	聚合物：增塑剂		
	1：1	4：1	9：1
聚氯乙烯	相容	相容	相容
氯乙烯-乙酸乙烯酯共聚物	相容	相容	相容
聚乙烯醇缩丁醛	相容	相容	相容
聚乙酸乙烯酯	相容	相容	相容
硝酸纤维素	相容	相容	相容
乙酸丙酸纤维素	相容	相容	相容
乙酸丁酸纤维素	相容	相容	相容
乙酸纤维素	不相容	—	相容
乙基纤维素	相容	相容	相容

从表6-1看出，本品与聚氯乙烯等极大数聚合物有良好相容性，可用作这些聚合物的增塑剂，具有挥发性小、耐油、耐水、耐光及耐污染性好等特点，而且使用安全，适用于制造地板料、黏结剂及增塑糊等。

7. 三甘醇二(2-乙基丁酸)酯有哪些性质？

三甘醇二(2-乙基丁酸)酯又称三乙二醇(2-乙基丁酸)酯。化学式 $C_{18}H_{34}O_6$。结构式：

$$CH_3CH_2CHC\underset{\underset{C_2H_5}{|}}{}\overset{\overset{O}{\|}}{}-OCH_2(CH_2OCH_2)_2CH_2O-\overset{\overset{O}{\|}}{}CCHCH_2CH_3\underset{\underset{C_2H_5}{|}}{}$$

为具有特殊气味的液体。相对密度 0.9946(20℃)。沸点 202℃(0.667kPa)。闪点(开杯)196℃。熔点-65℃。折射率 1.4404(25℃)。黏度 9.43mPa·s(20℃)。挥发度0.063g/(cm²·h)。不溶于水，溶于酮、酯、醚及芳烃等有机溶剂。

8. 三甘醇二(2-乙基丁酸)酯与聚合物的相容性如何？

三甘醇二(2-乙基丁酸)酯与聚合物的相容性见表6-2。

表6-2　三甘醇二(2-乙基丁酸)酯与聚合物的相容性

聚合物	聚合物：增塑剂		
	1：1	4：1	9：1
聚氯乙烯	相容	相容	相容
氯乙烯-乙酸乙烯酯共聚物	相容	相容	相容
聚乙酸乙烯酯	相容	相容	相容
聚乙烯醇缩丁醛	相容	相容	相容
乙基纤维素	相容	相容	相容

聚合物	聚合物：增塑剂		
	1∶1	4∶1	9∶1
硝酸纤维素	相容	相容	相容
聚甲基丙烯酸甲酯	相容	相容	相容
聚苯乙烯	相容	相容	相容
乙酸丁酸纤维素(17%丁酰基)	不相容	部分相容	部分相容
乙酸丁酸纤维素(37%丁酰基)	相容	相容	相容
乙酸纤维素	不相容	不相容	不相容
氯化橡胶	部分相容	相容	相容

由表6-2可以看出，本品与聚氯乙烯等聚合物有良好的相容性，可用作这些聚合物的耐寒性增塑剂，具有良好的耐光性、黏合性、柔软性及耐久性等。用于聚乙烯醇缩丁醛作安全玻璃的增塑剂，也用于印刷油墨、玻璃纸、防水涂料等制品，用其制造的增塑糊耐污染、黏度低、稳定性好。但用于聚氯乙烯时，一般作辅助增塑剂使用。

9. 二丙二醇二苯甲酸酯有哪些性质及用途？

二丙二醇二苯甲酸酯又称二苯甲酸二丙二醇酯、一缩二丙二醇二苯甲酸酯。化学式$C_{20}H_{22}O_5$。结构式：

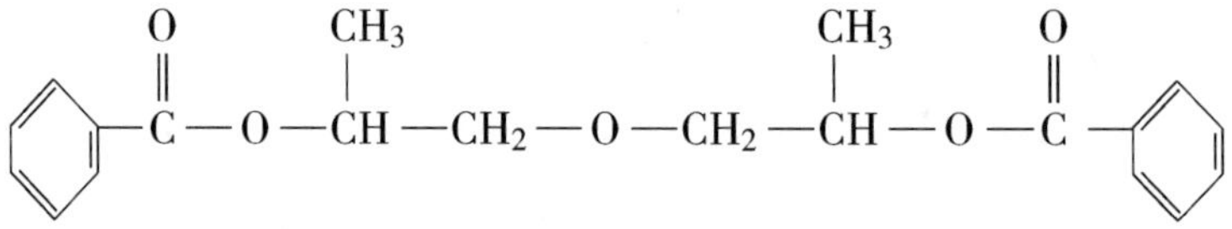

为微具气味的透明液体。相对密度1.126。沸点232℃(0.667kPa)。熔点−40℃。闪点(开杯)212℃。折射率1.5782(25℃)。黏度215mPa·s(20℃)。不溶于水，溶于酮、醚、芳烃等多数有机溶剂。

10. 二丙二醇二苯甲酸酯与聚合物的相容性如何？

二丙二醇二苯甲酸酯与聚合物的相容性见表6-3。

表6-3　二丙二醇二苯甲酸酯与聚合物的相容性

聚合物	聚合物：增塑剂		
	1∶1	4∶1	9∶1
聚氯乙烯	相容	相容	相容
氯乙烯-乙酸乙烯酯共聚物	相容	相容	相容
聚甲基丙烯酸甲酯	相容	相容	相容
聚苯乙烯	相容	相容	相容
聚乙酸乙烯酯	相容	相容	相容

续表

聚合物	聚合物：增塑剂		
	1：1	4：1	9：1
乙基纤维素	相容	相容	相容
硝酸纤维素	相容	相容	相容
乙酸纤维素	不相容	不相容	不相容
乙酸丁酸纤维素（17%丁酰基）	不相容	相容	相容
乙酸丁酸纤维素（37%丁酰基）	相容	相容	相容
聚乙烯醇缩丁醛	相容	相容	相容
氯化橡胶	相容	相容	相容

由表 6-3 可以看出，二丙二醇二苯甲酸酯与聚氯乙烯等多数聚合物有良好的相容性，这类聚合物用作增塑剂时具有溶剂作用强，挥发性小，耐久性、耐油性及耐污染性亦优等特点。常用于高填充聚氯乙烯地板料和挤塑料，可改善加工性，缩短加工周期，降低加工温度。用于非填充薄膜、片材和管材时，制品的透明性和光泽性好。本品也是铸塑聚氨酯弹性体的改性增塑剂，与预聚物高度相容，可提高铸塑和加工能力。还可用于乳胶漆、黏合剂及涂料等制品。

11. 甘油二乙酸酯有哪些性质？

甘油二乙酸酯又称二乙酸甘油酯、甘油二醋酸酯。化学式 $C_7H_{12}O_5$。结构式：

$$CH_2OCOCH_3 \qquad CH_2OCOCH_3$$
$$CHOCOCH_3 \qquad CHOH$$
$$CH_2OH \qquad CH_2OCOCH_3$$
（1，2-酰化物）　　（1，3-酰化物）

一般为异构体混合物，无色无味吸湿性液体。相对密度 1.184（16℃）。沸点 259℃。熔点低于-30℃。闪点（开杯）146℃。折射率 1.4395（20℃）。易溶于水，溶于乙醇、乙醚、苯，难溶于二硫化碳，不溶于汽油、矿物油及大豆油等。有毒。对皮肤、黏膜有刺激作用，可在催化剂存在下，由甘油与乙酸经酯化反应制得。

12. 甘油二乙酸酯与聚合物的相容性如何？

甘油二乙酸酯与聚合物的相容性见表 6-4。

表 6-4　甘油二乙酸酯与聚合物的相容性

聚合物	聚合物：增塑剂		
	1：1	4：1	9：1
硝酸纤维素	相容	相容	相容
乙酸纤维素	相容	相容	相容

聚合物	聚合物：增塑剂		
	1：1	4：1	9：1
聚乙烯醇缩丁醛	不相容	相容	相容
聚乙酸乙烯酯	不相容	相容	相容
乙基纤维素	不相容	相容	相容
聚甲基丙烯酸甲酯	不相容	相容	相容
乙酸丁酸纤维素	不相容	不相容	相容
丙酸纤维素	不相容	不相容	相容
聚氯乙烯	不相容	不相容	不相容
酚醛树脂	不相容	不相容	不相容
聚苯乙烯	不相容	不相容	不相容
氯化橡胶	不相容	不相容	不相容

由表6-4可以看出，本品与聚氯乙烯、聚苯乙烯及氯化橡胶等不相容，主要用作一些纤维素树脂及库马龙树脂、虫胶等的增塑剂，其耐水性、耐吸湿性一般；也用作樟脑、紫胶、染料中间体及印刷油墨等的溶剂。

13. 甘油三乙酸酯有哪些性质？

甘油三乙酸酯又称三乙酸甘油酯、甘油三醋酸酯。化学式 $C_9H_{14}O_6$。结构式：

$$(CH_3COOCH_2)_2CHOCOCH_3$$

外观为无色油状液体，微有脂肪气味。相对密度 1.156（25℃）。沸点 258~260℃。熔点 -35℃。闪点（开杯）133℃。燃点 160℃。折射率 1.4307（20℃）。黏度 17.4mPa·s（25℃）。挥发度小于15%（100℃、6h）。稍溶于水（15℃，7.17%），溶于醇、酮、苯、乙酸乙酯等有机溶剂，微溶于二硫化碳，不溶于矿物油。低毒，有抑制中枢神经系统的作用。可在催化剂存在下，由甘油和乙酸经酯化反应制得。

14. 甘油三乙酸酯与聚合物的相容性如何？

甘油三乙酸酯与聚氯乙烯等聚合物的相容性见表6-5。

表6-5 甘油三乙酸酯与聚合物的相容性

聚合物	聚合物：增塑剂		
	1：1	4：1	9：1
聚氯乙烯	不相容	相容	相容
聚乙烯醇缩丁醛	相容	相容	相容
硝酸纤维素	相容	相容	相容
乙基纤维素	相容	相容	相容

续表

聚合物	聚合物：增塑剂		
	1：1	4：1	9：1
乙酸纤维素	相容	相容	相容
乙酸丁酸纤维素	相容	相容	相容
丙酸纤维素	相容	相容	相容
聚甲基丙烯酸甲酯	相容	相容	相容
聚乙酸乙烯酯	不相容	相容	相容
聚苯乙烯	不相容	相容	相容
酚醛树脂	不相容	不相容	不相容
氯化橡胶	相容	相容	相容

由表6-5可以看出，本品与聚氯乙烯的相容性不是太好，主要用作纤维素树脂的增塑剂及溶剂，制品的柔韧性好，常用来生产香烟过滤嘴。本品对天然及合成橡胶有增塑作用，而且不影响硫化。甘油三乙酸酯与邻苯二甲酸二丁酯、硬脂酸丁酯、己二酸二辛酯等并用时，可制得耐水、耐紫外线及持久性好的制品。本品也可用作油墨溶剂、汽油添加剂、药品赋形剂、香料定香剂等。

15. 聚乙二醇有哪些性质？

聚乙二醇又称聚乙二醇醚、聚甘醇，简称PEG。化学式 $C_{2n}H_{4n+2}O_{n+1}$。结构式：

$$HO\!\!-\!\!\left[CH_2\!\!-\!\!CH_2\!\!-\!\!O\right]_n\!\!H \quad (n\text{ 为聚合度})$$

聚乙二醇是平均分子量为200~20000的乙二醇高聚物的总称。按分子量大小不同，可从无色透明黏稠液体(分子量200~700)到白色脂状半固体(分子量1000~2000)，直至坚硬的蜡状固体(分子量3000~20000)。各种工业聚乙二醇的性质见表6-6。

表6-6　工业聚乙二醇的性质

品种	分子量	相对密度	熔点，℃	闪点(开杯)，℃	外观
聚乙二醇200	平均200	1.1258	−15	171	无色黏稠液体
聚乙二醇300	平均300	1.1279	−15~8	196	无色黏稠液体
聚乙二醇400	平均400	1.1283	4~10	224	无色黏稠液体
聚乙二醇600	平均600	1.13	20~25	>246	淡黄色蜡状半固体
聚乙二醇1000	1000	—	35~40	>232	微黄色蜡状固体
聚乙二醇1500	1500	1.15	35~40	>232	淡黄色蜡状固体
聚乙二醇1540	1300~1650	1.15	40~45	>232	淡黄色膏状固体
聚乙二醇2000	1800~2200	1.2	48~52	>246	黄色蜡状物或片状物
聚乙二醇4000	3600~4400	1.204	50~53	>246	微黄蜡状固体或颗粒
聚乙二醇6000	5500~7500		58~62	>246	微黄蜡状固体

液体聚乙二醇可以任何比例与水混溶，固体聚乙二醇随温度升高在水中的溶解度增大，温度高于60℃时也能与水混溶，但温度接近水的沸点时又会沉淀，聚乙二醇可溶于乙醇、氯仿、二氯乙烷等溶剂，不溶于脂肪烃、乙二醇、甘油及二甘醇，室温下也不溶于苯和甲苯，可溶于热的苯和甲苯，也不溶于矿物油及菜籽油。低毒。

在碱或配位阳离子聚合催化剂存在下，本品可由环氧乙烷或乙二醇经逐步反应制得，控制聚合度 n 可制得不同分子量的产品。

16. 聚乙二醇有哪些用途？

聚乙二醇与许多聚合物有相容性，尤对极性大的物质显示最大的相容性，可在各种混合物中作为润湿剂来吸收和保持水分，并起到增塑作用，可用作硝酸纤维素、合成橡胶、聚乙烯醇及特殊印刷油墨的增塑剂。本品可以降低聚有机硅氧烷的黏度，改善其流动性，增塑的聚硅氧烷可用于洁肤制品。聚乙二醇还广泛用于造纸、制药、油漆、食品加工、化妆品、制革、木材加工等行业，用作润滑剂、增溶剂、软化剂、缓释剂、黏结剂、分散剂、乳化剂、保湿剂、赋形剂等。

17. 聚乙二醇(600)二苯甲酸酯有哪些性质及用途？

聚乙二醇(600)二苯甲酸酯的化学式为 $C_{38}H_{58}O_{15}$。结构式：

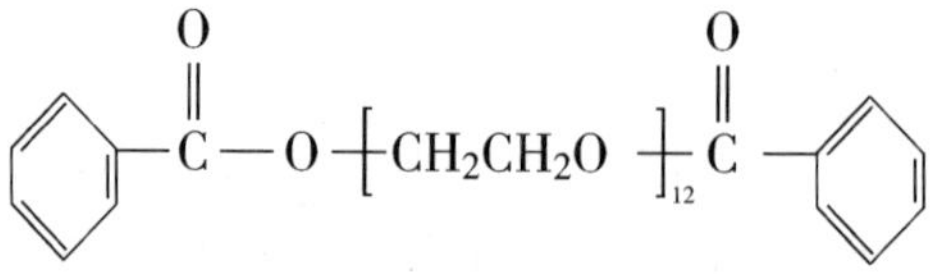

外观为无色液体，对热稳定。相对密度1.141。沸点270℃(0.133kPa)。闪点(开杯)264℃。熔点3.8℃。折射率1.4984(25℃)。黏度330mPa·s(20℃)。不溶于水，溶于醇、酮、芳烃、卤代烃等多数有机溶剂。主要用作苯酚甲醛树脂的增塑剂，可使增塑树脂在模塑、注塑时获得柔软、有韧性的流延片材。本品具有色泽浅、沸点高、加工温度低及耐污染等特点，也可用于酚醛树脂层压板、地板涂料及胶黏剂等制品。

18. 蔗糖苯甲酸酯有哪些性质及用途？

蔗糖苯甲酸酯的化学式为 $C_{61}H_{49}O_{17}$。结构式：

$$C_{12}H_{14}O_3(C_6H_5COO)_7$$

外观为非晶形片状固体，透明而有光泽。相对密度1.25(25℃)。熔点95℃。闪点(开杯)260℃。燃点272℃。折射率1.5770(25℃)。黏度4000mPa·s(100℃)。难溶于水，微溶于乙醇及脂肪烃，溶于酮类溶剂及酯类增塑剂。具有良好的耐光、耐紫外线及黏结性能。低毒。由蔗糖与苯二甲酸经酯化反应制得。

本品与多种聚合物有良好相容性，可用作纤维素树脂、聚苯乙烯、聚甲基丙烯酸甲酯、氯乙烯-乙酸乙烯酯共聚物等的增塑剂，耐热性好，适于高温成型加工。用于涂料时，也是一种硬度改性剂，如用作乙烯基树脂涂料、乙酸丁酸纤维素漆、丙烯酸涂料、三聚氰胺醇酸树脂瓷漆等的改性剂。

19. 季戊四醇四苯甲酸酯有哪些性质及用途?

季戊四醇四苯甲酸酯的化学式为 $C_{33}H_{28}O_8$。结构式:

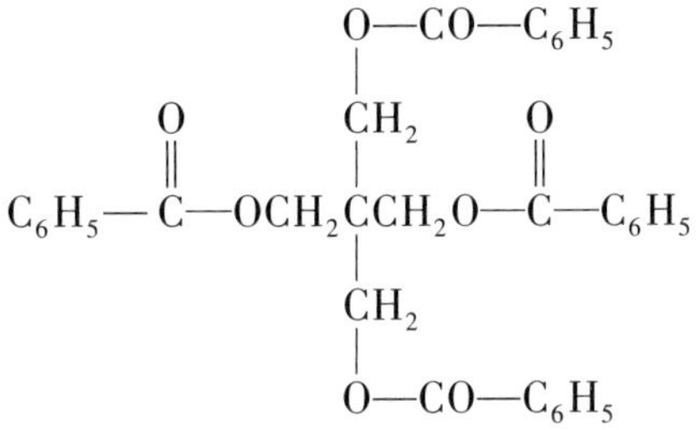

$$
\begin{array}{c}
O-CO-C_6H_5 \\
| \\
CH_2 \\
\quad\quad O \quad\quad\quad\quad\quad\quad O \\
\quad\quad \| \quad\quad\quad\quad\quad\quad \| \\
C_6H_5-C-OCH_2CCH_2O-C-C_6H_5 \\
| \\
CH_2 \\
O-CO-C_6H_5
\end{array}
$$

外观为白色结晶状固体。相对密度 1.2801(25℃)。熔点 99℃。折射率 1.5715(50℃)。不溶于水、甘油、乙二醇及某些胺类,溶于醚、酮、芳烃等多数有机溶剂。低毒。

本品为聚氯乙烯用固体增塑剂,特别适用于人造革和薄膜制品,具有增塑效率高、耐热性和耐紫外线好等特点,所得制品的表面高度滑爽而不粘连,电性能好,挥发度低。也适用于高温电绝缘材料。本品也是一种良好的塑料加工助剂,可改善压延卷缠性能。

七、环氧化类增塑剂

1. 什么是环氧化类增塑剂？

由两个碳原子与一个氧原子形成的环称为环氧环或环氧基，含这种三元环的化合物统称为环氧化合物，最简单的环氧化合物是环氧乙烷。环氧化类增塑剂是指分子结构中常有环氧基团（ CH_2—CH— ）的化合物。这种活性官能团能与胺、酰胺、酸、酸酐、酚及羧基等反应。环氧基在分子链中可以呈无规分布，或处于分子链端。

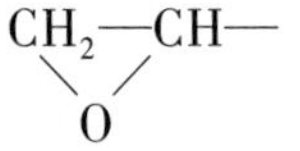

环氧化类增塑剂不仅对聚氯乙烯有增塑作用，而且可使聚氯乙烯的活泼氯原子稳定，结构中的环氧基团可以吸收因热或光降解产生的氯化氢，从而阻止聚氯乙烯连续分解且同时起到稳定的作用。

2. 环氧化类增塑剂有哪些类型？

常用的环氧化类增塑剂分为环氧化油、环氧脂肪酸单酯和环氧四氢邻苯二甲酸酯三类。其中，环氧大豆油、环氧米糠油、环氧亚麻籽油等环氧化油是由天然油脂与有机过氧酸经环氧化反应制得，具有无毒、耐热和光稳定性好等特点，可用于食品及医药包装材料。使用较广的环氧化类增塑剂有环氧大豆油、环氧硬脂酸丁酯、环氧大豆油酸辛酯、环氧亚麻籽油、环氧硬脂酸辛酯、环氧妥尔油酸辛酯、环氧乙酰蓖麻油酸甲酯、环氧四氢邻苯二甲酸二辛酯等。

3. 环氧化类增塑剂有哪些特性？

（1）相容性。环氧化类增塑剂中因含有少量残存的未被氧化的不饱和结构，因而与聚氯乙烯的相容性不是太好，容易产生渗出现象，但它可以改善制品的耐热性和耐光性，因此多用在需要耐寒和耐候的制品中。此外，由于价格较高，在塑料加工过程中主要利用其稳定剂的功能，一般作为辅助增塑剂使用。

（2）热稳定性。环氧化类增塑剂的热稳定性和光稳定性很好，不仅可以防止制品在加工时着色，而且可使产品具有良好的耐候性。

（3）耐寒性。环氧化类增塑剂分子中大多含有线型结构，它和脂肪族二元酸酯类似，具有良好的耐寒性。这和分子结构中含有苯环的化合物耐寒性较差而有明显的差异。

（4）耐久性。耐久性包括耐溶剂抽出、耐挥发及耐迁移等。这类增塑剂的耐水抽出、耐油抽出及挥发损失等性能较好，但其挥发性因分子结构不同而存在较大差异。

（5）耐化学药品性。这类增塑剂耐化学药品性能不太好，除对盐酸的侵蚀影响较小外，对其他酸的侵蚀都有一定影响。

（6）毒性。环氧化类增塑剂的毒性一般较低，如环氧化大豆油、环氧亚麻籽油、环氧硬脂酸辛酯等都允许用于接触食品的塑料制品。

4. 生产环氧化类增塑剂的主要原料有哪些？

生产环氧化类增塑剂的原料有天然植物油、脂肪酸甲酯、四氢邻苯二甲酸酯等。所用天然植物油有大豆油、亚麻仁油、玉米油、棉籽油、蓖麻油、红花油、花生油、菜籽油及米糠油等。此外，还可用蚕蛹油、妥尔油。生产过程所用加工助剂有过氧化氢、过氧乙酸、甲酸、乙酸、硫酸及离子交换树脂等。

四氢邻苯二甲酸酯是由丁二烯与顺丁烯二酸酐进行双烯加成反应所制得的四氢邻苯二甲酸酐，再和醇酯化所得到的酯，常用的是四氢邻苯二甲酸二辛酯及四氢邻苯二甲酸二异癸酯。

5. 环氧化油脂有哪些生产方法？

用作环氧化类增塑剂的环氧化油脂简称环氧油，它是以植物油为原料，在催化剂作用下，用环氧化试剂与油脂反应而制得。环氧化油脂的制备，按生产过程中有无溶剂，可分为溶剂法(溶剂为苯、环己烷等)和无溶剂法；按所用催化剂不同，可分为有机酸、有机酸盐、无机酸、无机酸盐和离子交换树脂催化剂催化法；按所用环氧化试剂不同，可分为过有机酸(如过甲酸、过氧乙酸)法和氧气氧化法。无溶剂法具有反应温度低、反应时间短、副反应少、环氧值高和产品色泽浅的特点。用离子交换树脂作催化剂可以重复利用催化剂，无环境污染。

自从 1960 年利用乙醛自动氧化成过氧乙酸连续生产环氧化油实现工业化后，环氧化剂主要采用过氧乙酸。因此，环氧化油的传统生产方法分为两步，第一步是制取过氧乙酸，第二步是进行环氧化反应。即以乙醛为原料，用氧气将其氧化成过氧乙酸，过氧乙酸再完成油脂的环氧化反应。此外，也可以冰乙酸和过氧化氢为环氧化剂，以浓硫酸为催化剂制备过氧乙酸，再由过氧乙酸进行油脂的环氧化。油脂的环氧化程度由环氧值来决定，环氧值由油脂中所含脂肪酸的不饱和程度和环氧化反应进行的完全程度决定。由于环氧化反应的不完全性和伴有的其他副反应，实际环氧值不可能达到理论值。

6. 环氧大豆油有哪些性质？

环氧大豆油又称环氧甘油三酸酯，简称 ESO。结构式：

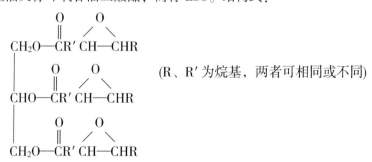

(R、R′ 为烷基，两者可相同或不同)

外观为浅黄色油状液体。相对密度 0.996。沸点 150℃(0.533kPa，伴有分解)。熔点 -10~5℃。闪点(开杯) 280~310℃。燃点 310℃。折射率 1.4720(25℃)。黏度 325mPa·s (25℃)。挥发度不大于 0.3%(125℃，3h)。环氧值不小于 6%。不溶于水，溶于烃类、醇类、酮类、酯类等有机溶剂，微溶于乙醇。无毒，可用于食品包装材料。

7. 环氧大豆油与聚合物的相容性如何?

环氧大豆油与聚氯乙烯等聚合物的相容性见表 7-1。

表 7-1　环氧大豆油与聚合物的相容性

聚合物	聚合物：增塑剂		
	1：1	3：1	9：1
聚氯乙烯	相容	相容	相容
硝酸纤维素	相容	相容	相容
氯化橡胶	相容	相容	相容
乙基纤维素	不相容	相容	相容
丁腈橡胶	—	相容	相容
乙酸纤维素	不相容	不相容	不相容
乙酸丁酸纤维素	不相容	不相容	不相容
乙酸丙酸纤维素	不相容	不相容	不相容
聚乙烯醇缩丁醛	不相容	不相容	不相容
聚乙酸乙烯酯	不相容	不相容	不相容

8. 环氧大豆油有哪些用途?

环氧大豆油的环氧值高，产品中没有游离的原料油及羟基化合物，纯度高、挥发度低、气味小，是一种可用于聚氯乙烯及氯乙烯共聚物的主增塑剂及热稳定剂，能使产品具有良好的耐热性、耐光性和耐迁移性。广泛用于制造无毒聚氯乙烯制品，如用于药物包装的硬质聚氯乙烯透明片及瓶、儿童玩具、文化用品、模塑品、薄膜、软管及发泡制品等。也用于聚氯乙烯门窗、管材、垫片等。也可与邻苯二甲酸二辛酯并用。与聚酯增塑剂并用，可减少聚酯的迁移，与热稳定剂并用有显著的协同效应。环氧大豆油也用于密封剂及胶黏剂产品，用于制造层压胶黏剂、密封垫、密封胶等制品，还用作氯化橡胶稳定剂、颜料分散剂等。

9. 环氧大豆油是怎样制造的?

它是以苯为介质，先将大豆油、甲酸(或冰醋酸)、硫酸和苯配制成混合液，在搅拌下加入 40% 的过氧化氢进行环氧化反应(在常温下进行)，生成的环氧大豆油经静置分离、碱洗、水洗、蒸馏脱苯、蒸发、减压蒸馏而制得成品，其工艺过程如下：

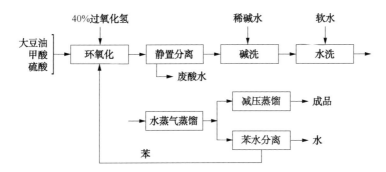

为了减少设备腐蚀及环境污染，较清洁的工艺是用强酸性离子交换树脂替代硫酸作催化剂。

10. 环氧大豆油酸辛酯有哪些性质及用途？

环氧大豆油酸辛酯又称环氧大豆油酸-2-乙基己基酯。化学式 $C_{26}H_{48}O_4$。结构式：

$$CH_3(CH_2)_4 \underset{O}{CH-CH}CH_2CH \underset{O}{-CH}(CH_2)_7COOCH_2\underset{C_2H_5}{CH}(CH_2)_3CH_3$$

外观为浅黄色油状液体。相对密度 $0.92 \sim 0.98(25℃)$。闪点（开杯）$200℃$。熔点 $-15℃$。折射率 $1.4580 \sim 1.4585(25℃)$。环氧值不小于 4.6。不溶于水，溶于醇、酮、醚、酯等多数有机溶剂。无毒，可用于食品包装材料。

本品用作聚氯乙烯的增塑剂及热稳定剂。在环氧化类增塑剂中，其热稳定性、耐候性、耐寒性、耐久性和电绝缘性都很好，用其配制的增塑糊，糊料初始黏度低，稳定性好。与邻苯二甲酸二辛酯并用，可用于生产薄膜、人造革等制品。在聚氯乙烯配方中，用量可达 35%，制品即使长期在户外使用，增塑剂也不会从制品中析出，与镉、锡等热稳定剂并用，具有良好协同作用。

11. 环氧大豆油酸辛酯是怎样制造的？

环氧大豆油酸辛酯一般采用二步反应制造。第一步反应为酯交换。将大豆油和辛酯在硫酸存在下于 $90℃$ 左右进行醇解，醇解物用纯碱液中和后回收辛醇，然后分离出甘油，经水洗和减压蒸馏得到精大豆油酸辛酯。第二步反应为环氧化。将精大豆油酸辛酯在硫酸和甲酸存在下用过氧化氢进行环氧化，反应温度为 $50 \sim 80℃$。环氧化产物经纯碱液中和，再经水洗、脱色、压滤制得成品。其总工艺过程如下：

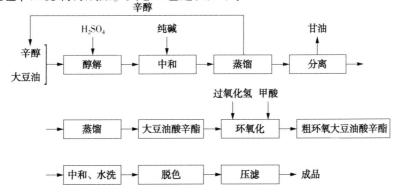

12. 环氧乙酰蓖麻油酸甲酯有哪些性质及用途？

环氧乙酰蓖麻油酸甲酯简称 EMAR。化学式 $C_{21}H_{38}O_5$。结构式：

$$CH_3(CH_2)_5\underset{OCOCH_3}{C}HCH_2CH\underset{O}{—}CH(CH_2)_7COOCH_3$$

外观为浅黄色油状液体。相对密度 $0.950\sim0.970$。闪点（开杯）高于 190℃。折射率 1.4580（20℃）。挥发度不大于 0.5%（125℃、3h）。环氧值不小于 3.0%。不溶于水，溶于醇、醚、酮及芳烃等多数有机溶剂。低毒。本品可用作聚氯乙烯、聚苯乙烯、聚乙酸乙烯酯等的耐寒性增塑剂，低温性能好，耐热及耐光性也好，透明度高，适用于制造农用薄膜、人造革、塑料鞋、日用器材及生活用品包装材料等。

13. 环氧乙酰蓖麻油酸甲酯是怎样制造的？

是以蓖麻油和甲醇为原料，以氢氧化钠为催化剂在 70℃ 下先进行醇解制得蓖麻油酸甲酯。再由蓖麻油酸甲酯与乙酸酐在 150~155℃ 进行乙酰化，制得乙酰蓖麻油酸甲酯。然后，由乙酰蓖麻油酸甲酯与过氧化氢、甲酸、苯在常温下进行环氧化，制得粗环氧乙酰蓖麻油酸甲酯，粗酯经精制而得到成品，其工艺过程如下：

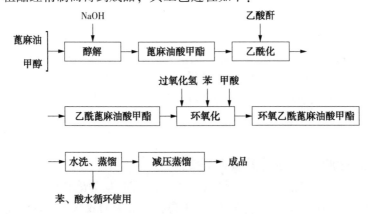

14. 环氧四氢邻苯二甲酸二辛酯有哪些性质及用途？

环氧四氢邻苯二甲酸二辛酯又称 4，5-环氧四氢邻苯二甲酸二(2-乙基己基)酯，简称 EPS。化学式 $C_{24}H_{42}O_5$。结构式：

外观为无色或淡黄色油状液体。相对密度 1.007。沸点 230℃（0.133kPa）。熔点低于

−30℃。闪点（开杯）217℃。折射率 1.4656（25℃）。黏度 115mPa·s（25℃）。环氧值 3.45。不溶于水，溶于乙醇、丙酮等有机溶剂，无毒。

本品的分子结构中存在环氧基及邻苯二甲酸二辛酯两种基团，兼有环氧化合物及邻苯二甲酸二辛酯的特性，与聚氯乙烯相容性好，挥发性及水抽出性小，光热稳定性及耐菌性较强，是环氧化类增塑剂中较佳品种，可用作聚氯乙烯主增塑剂及稳定剂，增塑效率与邻苯二甲酸二辛酯相当，但综合性能优于邻苯二甲酸二辛酯。可用于制造工业及农用薄膜、人造革、片材、电缆料及各种成型品，尤其适用于透明薄膜制品。也用作耐低温辅助增塑剂。

15. 环氧四氢邻苯二甲酸二辛酯是怎样制造的?

先由顺丁烯二酸酐和丁二烯进行双烯加成反应制得四氢邻苯二甲酸酐；再由四氢邻苯二甲酸酐与 2-乙基己醇在硫酸催化下进行酯化反应，得到四氢邻苯二甲酸二辛酯；接着由四氢邻苯二甲酸二辛酯与过氧化氢、甲酸、硫酸在苯溶液中进行环氧化反应制得粗环氧四氢邻苯二甲酸二辛酯。粗酯再经分离、水洗、中和、脱苯、脱色、压滤而制得成品，其工艺过程如下：

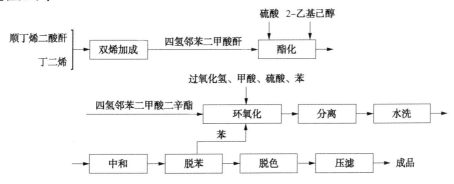

16. 环氧硬脂酸辛酯有哪些性质及用途?

环氧硬脂酸辛酯又称环氧硬脂酸 2-乙基己酯。化学式 $C_{26}H_{50}O_3$。结构式：

$$CH_3(CH_2)_7\overset{O}{\overbrace{CH—CH}}(CH_2)_7COOCH_2\overset{C_2H_5}{\underset{|}{CH}}(CH_2)_3CH_3$$

外观为浅黄色油状透明液体。相对密度 0.909～0.910。闪点（开杯）256℃。折射率 1.4537（25℃）。熔点−13.5℃。黏度 30mPa·s（20℃）。环氧值 3.5～3.9。不溶于水，溶于醇、酮、芳烃及氯代烃类溶剂，无毒。

本品是聚氯乙烯优良的增塑剂及热稳定剂，具有良好的热稳定性、耐寒性、耐光性。与其他环氧化类增塑剂相比，具有耐抽出性好、挥发性小、电绝缘性强等特点。用于生产薄膜、人造革、垫圈、地板砖及其他要求耐寒性、耐候性和透明性好的制品。用于增塑糊，糊的黏度低，稳定性好。

17. 环氧硬脂酸辛酯是怎样制造的?

先是由硬脂酸和辛醇在硫酸催化下进行酯化，酯化产物经中和、蒸馏、水洗、减压蒸馏制得硬脂酸辛酯，反应式为：

$$CH_3(CH_2)_{16}COOH+CH_3(CH_2)_3\overset{\underset{|}{C_2H_5}}{CH}CH_2OH \xrightarrow{H_2SO_4} CH_3(CH_2)_{16}COOCH_2\overset{\underset{|}{C_2H_5}}{CH}(CH_2)_3CH_3$$

硬脂酸辛酯在硫酸和甲酸存在下，用过氧化氢进行环氧化，所得产物经中和、水洗、脱色、压滤即得成品，反应式为：

$$CH_3(CH_2)_{16}COOCH_2\overset{\underset{|}{C_2H_5}}{CH}(CH_2)_3CH_3 +H_2O_2 \xrightarrow{H_2SO_4、甲酸} 成品$$

18. 环氧糠油酸丁酯有哪些性质及用途？

环氧糠油酸丁酯又称环氧脂肪酸丁酯。结构式：

$$CH_3(CH_2)_n\overset{\underset{\diagdown O \diagup}{}}{CH-CH}(CH_2)_mCH_2COOC_4H_9 \quad (n+m=13\sim16)$$

环氧脂肪酸丁酯为系列产品，从米糠油、棉籽油、菜籽油等得到的脂肪酸均能制得，统称为环氧脂肪酸丁酯，以米糠油为原料制得的为浅黄色油状透明液体，低于10℃时会稍有沉淀。相对密度0.90~0.912。闪点大于190℃。折射率1.4560~1.4570(20℃)。挥发度不大于0.5%(160℃，6h)。环氧值3.0%~3.2%。不溶于水，溶于醚、酮、芳烃及氯代烃等有机溶剂，无毒。

本品与聚氯乙烯有良好的相容性，可用作聚氯乙烯优良的增塑剂及热稳定剂，具有良好的热稳定性、耐寒性及透明性。与其他环氧化类增塑剂相比，具有耐抽出性能、挥发性小、电绝缘性强等特点。常与其他增塑剂并用，用于薄膜、片材、人造革等耐候性、耐寒性要求较高的制品。

19. 环氧糠油酸丁酯是怎样制造的？

先由米糠油和丁醇在硫酸催化下于130℃进行酯交换反应，生成米糠油酸丁酯，副产甘油，经碱中和、水洗、脱醇和精馏得精制品；精制米糠油酸丁酯在硫酸和冰醋酸存在下，用过氧化氢进行环氧化；环氧化产物经碱洗、水洗、脱水等工序制得环氧糠油酸丁酯。其工艺过程如下：

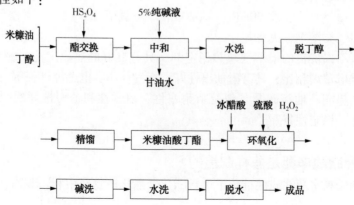

八、聚酯类增塑剂

1. 什么是聚酯增塑剂?

聚酯是聚合物主链上含有酯基的一类高分子化合物的总称,一般系通过缩聚方法聚合而成,其种类很多,可分为饱和聚酯及不饱和聚酯。聚酯类增塑剂为饱和聚酯,是由饱和二元醇与饱和二元酸通过缩聚反应制得的,在直链状的骨架上有酯基的线型高分子化合物,结构通式:

$$H\text{---}[OR_1OOCR_2CO]_n\text{---}OH \quad (n\ 为重复单元数)$$

其中,R_1、R_2分别为饱和二元醇的烃基和饱和二元酸的烃基。为了控制聚酯的分子量和性质,在聚合时还需要用一元酸或一元醇进行端封,将聚合物的活性端基转化为稳定的端基,使聚合反应终止,如用脂肪酸封端的己二酸聚酯的结构式:

$$A\text{---}\overset{O}{\overset{\|}{C}}\text{---}[CH_2\overset{CH_3}{\underset{|}{CH}}\text{---}O\overset{O}{\overset{\|}{C}}(CH_2)_4\overset{O}{\overset{\|}{C}}O]_n\ CH_2\overset{CH_3}{\underset{|}{CH}}\text{---}O\overset{O}{\overset{\|}{C}}\text{---}A$$

式中　A——脂肪酸的烃基。

用醇封端的己二酸聚酯的结构式:

$$G\text{---}O\text{---}\overset{O}{\overset{\|}{C}}(CH_2)_4\text{---}\overset{O}{\overset{\|}{C}}OCH_2\overset{CH_3}{\underset{|}{CH}}O]\overset{O}{\overset{\|}{C}}(CH_2)_4\text{---}\overset{O}{\overset{\|}{C}}O\text{---}G$$

式中　G——长链醇的烷基。

聚酯增塑剂是一种聚合型增塑剂,其分子量较大,通常将分子量控制在 500～8000 之间,如分子量为 10000～50000,则将成为结晶状固体,不能作为增塑剂使用。此外,聚酯增塑剂具有较强的极性,当它用于聚氯乙烯制品时,能起到吸引和固定其他增塑剂不向制品表面迁移的作用,故聚酯增塑剂又有永久增塑剂之称,是聚氯乙烯高档制品的一种加工助剂。

2. 聚酯类增塑剂分为哪些类型?

聚酯增塑剂的品种很多,大致分为以下几种类型:

(1) 按端基结构不同,分为醇封端和酸封端的增塑剂,以及端基不封闭的增塑剂。

(2) 按分子量高低不同,分为高分子量、中分子量及低分子量聚酯增塑剂。

(3) 按合成反应所用的二元酸不同,分为己二酸类、壬二酸类、癸二酸类、戊二酸类和苯二甲酸类等聚酯增塑剂。其中,又以己二酸类聚酯的产品最多。

此外,由于聚酯增塑剂的某些生产厂,为改善增塑剂的应用性能,往往将单一聚酯增塑剂经适当的化学改性而变为混合物，并定义为某一种商品名称，但其详细组成并不公开，使得聚酯增塑剂的品种更多。国外的聚酯增塑剂产品较多，许多国家大公司所生产的产品已形成系列化，而多数则是以商品名表示。

3. 聚酯类增塑剂有哪些特性？

（1）相容性。这类增塑剂与聚氯乙烯等多种聚合物的相容性都较好，但因聚酯的结构较为复杂，同一化合物组成相同，但分子量相差较大，黏度变化范围大。因此，不同的聚酯增塑剂与聚氯乙烯的相容性也有较大差异，一般是己二酸聚酯的相容性较差，癸二酸聚酯、苯二甲酸聚酯相容性较好。

（2）加工性。聚酯增塑剂是一类高分子量聚合物，与低分子量增塑剂相比较，聚酯增塑剂与聚氯乙烯的加工温度要更高，混炼时间会更长。因此，对于聚酯增塑剂/聚氯乙烯体系，为保证制品质量，在配方中常需加入热稳定剂，如钡钙稳定剂、二盐基邻苯二甲酸铅等。

（3）挥发性。聚酯增塑剂因其分子量大、体积大，往制品表面迁移少。但在不同聚合物中的迁移性不同，在橡胶中迁移性较大，在聚氯乙烯中迁移性小。利用这类增塑剂加工时挥发损失小，产品使用过程中迁移少、渗出少的特点，可用于制造在较高温度下工作的电缆绝缘制品和汽车内装饰制品，防止汽车内部生雾。

（4）抽出性。封端的聚酯类增塑剂一般都有较好的耐抽出性，但分子量不同，其耐油的抽出性也有所不同。酸封端型增塑剂与醇封端型增塑剂在耐抽出性上也有所不同。

（5）低温柔软性。聚酯类增塑剂的黏度较单体增塑剂大，因而低温柔软性较差。

（6）电性能。聚酯类增塑剂体积电阻率小，电性能好，适合制作电缆护套和各种绝缘体材料。

（7）毒性。这类增塑剂因分子量大、抽出性低，具有低毒性，可用于食品包装材料。

4. 聚酯类增塑剂加入制品配方中应注意什么？

聚酯增塑剂可用于聚氯乙烯、合成橡胶、酚醛树脂及氯乙烯共聚物等制品。它作为一种配方助剂常与邻苯二甲酸二辛酯等液体增塑剂并用，以起到协同作用提高制品的性能。由于聚酯类增塑剂具有强极性、分子量大，因而在使用过程中需注意投料顺序，如聚酯增塑剂用于聚氯乙烯制品的配方时，操作时必须先使聚氯乙烯树脂与液体增塑剂完全吸收后再加入高分子聚酯增塑剂，具体操作过程是在混炼机中的聚氯乙烯完全吸收液体增塑剂呈干粉状时，再加入聚酯增塑剂混匀。如果以上物料都一起同时加入，则聚酯增塑剂会比聚氯乙烯先吸收邻苯二甲酸二辛酯等其他增塑剂，从而会使聚氯乙烯塑化不完全，导致产品的加工性及聚氯乙烯制品的性能下降。

5. 制造聚酯类增塑剂的主要原料有哪些？

聚酯类增塑剂是分子量在500~8000之间的聚酯产品，它们多为饱和脂肪族二元酸与二元醇经缩聚反应制得。而大量的商品聚酯增塑剂则用一元醇或一元酸封端，故制造聚酯类增塑剂的主要原料有如下几类：

二元酸：己二酸、癸二酸、壬二酸、邻苯二甲酸等。

二元醇：乙二醇、1,3-丙二醇、1,3-丁二醇、1,4-丁二醇、一缩二乙二醇、二缩二乙二醇、二丙二醇等。

封端基用一元酸：月桂酸、辛酸、壬酸、癸酸、苯甲酸等。

封端基用一元醇：C_6—C_{10}的一元醇、丁醇、2-乙基己醇等。

缩聚反应催化剂：氧化铝、钛酸四丁酯、钛酸异丙酯、碱土金属氧化物及有机锡等。

6. 制造聚酯增塑剂的基本原理是什么？

首先，由饱和二元醇与饱和二元酸经缩聚反应制取不封端基的聚酯：

$$n\ HOR_1OH + n\ HOOCR_2COOH \longrightarrow H\!-\!\!\!\!\left[OR_1OOCR_2CO\right]_n\!\!OH$$

（二元醇）　（二元酸）

式中　R_1、R_2——饱和二元醇的烃基和饱和二元酸的烃基。

由于二元醇易挥发，因此反应必须使用一些过量二元醇，其用量与反应温度、反应条件、分离水和醇的效率等因素有关。因不封端基聚酯的游离端基（—OH）不稳定，在一定条件下仍有继续聚合成大分子的可能，所以需使用一元酸或一元醇封闭其游离的—OH基团。

以制备分子量为2000的聚癸二酸-1,2-丙二醇酯增塑剂为例，先将癸二酸和1,2-丙二醇按物质的量的比为1:1.4加入反应釜，并同时加入催化剂在搅拌下加热至195~200℃进行缩聚反应，反应1~2h，缩聚后期在减压下进行。然后，加入月桂酸进行端基封闭，终止反应。月桂酸的加入量为癸二酸的2.6%。在减压下脱除过剩的丙二醇后，再经过滤即制得成品，其大致工艺过程如下：

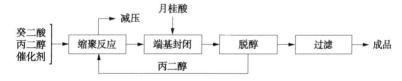

7. 聚酯增塑剂合成时怎样选择催化剂和溶剂？

在聚酯增塑剂合成过程中，催化剂可以缩短反应时间，提高生产效率，选择性促进正反应，抑制副反应。早期所用的缩聚催化剂变为强酸型化合物，如硫酸、甲苯磺酸等。这类催化剂对设备腐蚀严重，副反应多。近年来，开发出许多以质子酸作为聚合反应的催化剂，如配位催化剂、均相催化剂、固体酸催化剂等，如有机锡催化剂、钛酸酯类催化剂等。这类催化剂对设备腐蚀小，不用中和与水洗，催化剂可回收重复使用，从而简化生产工艺，还能改善产品的颜色及纯度。因此，选用这类催化剂可以显著提高产品质量及经济效益。

此外，聚酯增塑剂合成过程中为使反应向生成酯的方向进行，有些聚合反应需要在反应体系中加入一定量的溶剂，以保证聚合反应正常进行，常用溶剂有芳烃（如苯、甲苯、二甲苯等）、酮类溶剂（如丙酮、甲乙酮、环己酮等），选择溶剂时主要应考虑毒性小、不参与聚合反应、易回收再利用及成本低、来源容易等因素。

8. 聚己二酸-1, 2-丙二醇酯有哪些性质及用途?

聚己二酸-1, 2-丙二醇酯又称己二酸丙二醇聚酯,结构式:

$$HOCH_2CHO\left[\overset{\overset{O}{\|}}{C}(CH_2)_4\overset{\overset{O}{\|}}{C}OCH_2CHO\right]_nH$$
$$\quad\quad\quad CH_3 \quad\quad\quad\quad\quad\quad\quad\quad CH_3$$

($n=6\sim8$,端基可用一元酸或一元醇封闭)

外观为浅黄色透明黏稠液体。相对密度 1.112(25℃)。折射率 1.4633(25℃)。黏度 3.8Pa·s(20℃)。不溶于水,与乙醇、丁醇部分相溶,与丙酮、甲乙酮、苯及乙酸乙酯等混溶。

本品用作聚氯乙烯、乙酸纤维素等的耐久性增塑剂。其性能随分子量的大小有很大差异,分子量大者耐迁移性极好,挥发度极低,但塑化性能差,适用于医疗器械、高温绝缘材料及室内装饰等制品;分子量低者,虽然耐久性不如高分子量者,但仍比单体型增塑剂优越,且易于加工处理,故应用较广,可用于制造电缆料、地板料、垫片、耐油软管及玩具等。在接触食品方面,包括薄膜、饮料软管及乳制品机械零件等。本品也用作氯丁橡胶、丁腈橡胶及丁基橡胶制品的增塑剂,可赋予制品耐油性、抗溶胀性及耐迁移性等,并可改善胶料的加工性能,提高硫化耐热性。

9. 聚癸二酸-1, 2-丙二醇酯有哪些性质及用途?

聚癸二酸-1, 2-丙二醇酯又称癸二酸丙二醇聚酯。结构式:

$$R_3COOR_1\left[OOC-R_2-COOR_1\right]_nOOCR_3$$

(R_3 为羧酸端基封闭基的烷基,如为月桂酸时,则 R_3 为 $CH_3\left[CH_2\right]_{10}$;$R_1$、$R_2$ 分别为二元醇和二元酸的烃基)

外观为浅黄色透明黏稠液体(分子量为2000)。相对密度1.06(25℃)。闪点(开杯)约290℃。折射率1.4670(25℃);分子量为8000的产品外观为黄色透明状半固体物。相对密度1.06(25℃)。熔点13~15℃。闪点(开杯)高于316℃。黏度1.7Pa·s(25℃,50%二氯乙烷溶液)。不溶于水,部分溶于乙醇、丁醇及脂肪烃,溶于乙醚、丙酮、苯等多数有机溶剂。

本品为聚氯乙烯的耐久性增塑剂,有良好的耐久性、耐溶剂和油抽出,挥发性极低。但性能随分子量不同有较大差异。分子量高者,适用于高温和耐久的制品,如冰箱衬里、医疗器械、高温绝缘材料、耐高温线材的包覆层、室内装饰品等,但加工性能差;分子量低者是较为常用的品种,虽然其耐久性不如高分子量者,但比单体型增塑剂还是好得多,而且易进行加工,常用于耐油、耐溶剂和接触涂料层等制品。如聚氯乙烯高温电缆料、玩具、耐油软管、垫片、地板材料等。也可作为冲击改性剂用于硬质聚氯乙烯配方中,在接触食品方面可用于包装薄膜、饮料软管、瓶盖垫片等。

10. 聚己二酸-1, 3-丁二醇酯有哪些性质及用途?

聚己二酸-1, 3-丁二醇酯又称己二酸丁二醇聚酯,结构式:

$$R_3O \left[OCR_1COOR_2O \right]_n OCR_1COOR_3$$

(式中，R_3 为 $-CH_2-\underset{\underset{C_2H_5}{|}}{CH}-(CH_2)_3-CH_3$ ；R_2 为 $-CH_2-CH_2-\underset{\underset{CH_3}{|}}{CH}-$ ；R_1 为 $-(CH_2)_4-$)

是由己二酸和1，3-丁二醇经缩聚反应制得的透明黏稠状液体。分子量 1500~3000。相对密度 1.080~1.084。闪点（开杯）280℃。黏度 3~5mPa·s（25℃）。不溶于水、乙醇、乙二醇，溶于多数有机溶剂，与许多合成和天然树脂、合成橡胶相容。

本品有良好的耐迁移性，耐油抽出和耐水抽出。挥发度低，对热和光稳定。可用作天然和合成橡胶、聚苯乙烯、丙烯酸涂料等的耐久性增塑剂。如制造绝缘胶带、冰箱衬里、电器绝缘材料、装饰材料、抗刮伤薄膜等制品，用于橡胶制品时，能改善橡胶加工性能，降低胶料黏度，提高硫化胶的回弹性，并赋予橡胶耐油性、耐迁移性及抗溶胀性等。还可用于食品相接触的制品及医用外科导管等。

11. 聚癸二酸-1，3-丁二醇酯有哪些性质及用途？

聚癸二酸-1，3-丁二醇酯又称癸二酸丁二醇聚酯。结构式：

$$R_3O \left[OCR_1COOR_2O \right]_n OCR_1COOR_3$$

(式中，R_3 为 $-CH_2-\underset{\underset{C_2H_5}{|}}{CH}-(CH_2)_3-CH_3$ ；R_2 为 $-CH_2-CH_2-\underset{\underset{CH_3}{|}}{CH}-$ ；R_1 为 $-(CH_2)_8-$)

外观为淡黄色油状透明液体。分子量 2000~8000。相对密度 1.06~1.08。闪点（开杯）300℃。黏度 10~15mPa·s（25℃）。不溶于水，溶于苯、丙酮、氯代烃等多数有机溶剂。本品是由癸二酸与1，3-丁二醇经缩聚反应制得。无毒。

本品具有优良的耐久性及耐挥发性，不迁移，电性能优良。可用作聚氯乙烯及橡胶制品的增塑剂，尤适用于高温、高湿等不良环境中要求耐久性较好的制品，如军工产品、航天及精密仪器用零部件、医疗用制品等。

九、含卤增塑剂

1. 什么是含卤增塑剂？

含卤增塑剂是指分子结构中含有卤原子（主要是 Cl、Br）的一类增塑剂，主要包括氯化石蜡、氯化联苯及含氯和含溴脂肪酸酯。氯化石蜡，简称氯蜡，是指通过化学反应将石蜡分子中氢原子被氯原子取代后生成的产物。它的原料易得、价廉、电性能好，与聚氯乙烯相容具有阻燃性；氯化联苯是一种含氯21%的异构体混合物，其组成复杂，因含氯量不同，产品有油状液体或粉状晶体；含氯脂肪酸酯是脂肪酸酯氯化所得产物，油酸、富马酸、衣康酸的酯等都可以在醇存在下进行氯化，如以不饱和脂肪酸酯为原料在醇存在下进行氯化，所得到的氯代烷氧基脂肪酸酯具有良好的耐寒性，与聚氯乙烯有良好的相容性。其中，典型的产品是氯代甲氧基油酸甲酯，它具有和己二酸二辛酯类似的耐寒效果。用氯代甲氧基马来酸二辛酯增塑的聚氯乙烯制品的低温柔软温度达-41℃，而使用邻苯二甲酸二辛酯时为-22℃；近年来，以棉籽油、蓖麻油、梓油及脂肪酸乙酯等为原料，经溴化后所得到的含溴脂肪酸酯也用作增塑剂，如溴化脂肪酸乙酯除有增塑剂作用外，还兼具阻燃性。此外，溴化石蜡也是一种阻燃增塑剂。

在上述含卤增塑剂中，应用最多的主要是氯化石蜡。

2. 什么是卤化石蜡？包括哪些品种？

卤化石蜡是氯化石蜡、溴化石蜡、溴氯化石蜡等的通称，是指通过化学反应将石蜡分子中的氢原子被卤素原子取代后所生成的产物，其分子通式为：$C_nH_{2n}+(2-m)X_m$，其中 X 只代表氯和溴元素。

卤素包括氟、氯、溴、碘四种元素，但因氟太活泼，生产条件不易控制，而碳碘键最不稳定，故在实用中无氟化石蜡及碘化石蜡，卤化石蜡只有氯化石蜡和溴化石蜡，或是氯化、溴化产品的混合物。

卤化石蜡系列产品可按产品所含的卤素类型、产品形态以及产品所用原料蜡的不同进行分类，按所含卤素不同可分为氯化石蜡、溴化石蜡和溴氯化石蜡；按产品形态可分为液态和固态；按所采用原料蜡不同，分为固蜡、重液蜡和轻液蜡。氯化石蜡依据产品中氯元素所占质量比分类。氯化石蜡、溴化石蜡及溴氯化石蜡都可用作阻燃增塑剂。

3. 氯化石蜡主要有哪些品种？

氯化石蜡又称氯代烷烃，简称氯烃，是 C_{10}—C_{30} 的正构烷烃的氯化物。含氯量低的是黏稠状无色或黄色油状液体，含氯量高的为固体。用作增塑剂的氯化石蜡，多数为含氯量为 42%~45% 的产品，但有时也用含氯量为 70% 的氯化石蜡作增塑剂。通常，氯化石蜡的命名是以氯含量为基准的，如氯烃-42，商品名称为 42 型氯化石蜡，氯含量为 42%；又如氯烃-70，商品名称为 70 型氯化石蜡，氯含量为 70%。我国生产的氯化石蜡主要品种及相应的氯含量见表 9-1。

表 9-1　氯化石蜡主要品种与相应的氯含量

型号	产品外观	碳原子数	氯含量，%
42 型氯化石蜡	油状黏稠液体	C_{22}—C_{26}	42
45 型氯化石蜡	油状黏稠液体	C_{10}—C_{13}	45
52 型氯化石蜡	油状黏稠液体	C_{13}—C_{17}	52+2
60 型氯化石蜡	油状黏稠液体	C_{13}—C_{17}	52+2
70 型氯化石蜡	油状黏稠液体	C_{13}—C_{17}	52+2
70 型氯化石蜡	树脂状粉末	C_{22}—C_{26}	70+2

注：表中的"52+2"和"70+2"表示氯的大致含量。

4. 氯化石蜡有哪些特性？

自从 1930 年以来，氯化石蜡一直作为增塑剂用于油漆和用作聚氯乙烯的辅助增塑剂。它不溶于水、低级醇、甘油和乙二醇，溶于芳烃、酮、醚、酯、氯代烃及矿物油。

氯化石蜡对热、光和氧的稳定性不好，它在常温下是稳定的，但温度超过 300℃ 发生明显分解，同时放出 HCl，在氧化铝、氧化锌、氯化铁等存在下会加速脱 HCl 的速度。因此，常在产品中加入少量稳定剂(如环氧大豆油、季戊四醇、尿素、乙腈等)以提高对热和光的稳定性，稳定剂加入量一般低于 0.05%。

氯化石蜡与聚氯乙烯的相容性有限，往往与其他主增塑剂掺混使用，但氯含量为 52% 的氯化石蜡与聚氯乙烯的相容性很好，以至于半硬聚氯乙烯制品可以单独用于这类氯化石蜡生产。在混合物中，氯化石蜡的相容性，以与低分子量的邻苯二甲酸酯类最好，磷酸酯类次之，与己二酸酯类的相容性不好。

氯化石蜡对热稳定性不好，但氯含量为 31%~38% 的支链型氯化石蜡的热稳定性与聚氯乙烯类似。氯化石蜡对增塑的聚氯乙烯性能的影响不大，热和光稳定性的下降取决于氯含量，而不取决于链长，使用钡/钙皂类热稳定剂可保持制品的热稳定性。

氯化石蜡最早用作润滑油添加剂、织物的防火及防水处理剂，后来随着聚氯乙烯工业的发展而用作塑料制品的阻燃性辅助增塑剂，并广泛用于地板料、人造革、压延薄膜等制品。除氯化石蜡外，其他卤化石蜡也被用于聚氯乙烯制品，除阻燃外，还可改善制品的柔软性。

作为阻燃增塑剂，氯化石蜡也可用于聚氨酯泡沫塑料、聚氨酯涂料、橡胶等制品。

5. 生产氯化石蜡的主要原料有哪些？

氯化石蜡是烷烃(又称石蜡烃)氯化的产物，生产氯化石蜡的主要原料为氯气和石蜡。

氯气使用液氯可制得色泽较好的产品，也可使用干燥电解氯气，其纯度不能低于95%，水分在0.05%以下，氯气纯度降低会影响反应速率及产品色泽。

所用石蜡原料有液体石蜡和固体石蜡。液体石蜡又称液蜡，是原油蒸馏所得的煤油或轻柴油馏分经分子筛脱蜡或尿素脱蜡制得的液态正构烷烃。按馏分轻重，分为轻质液体石蜡和重质液体石蜡。轻质液体石蜡一般为 C_{10}—C_{15} 正构烷烃混合物，重质液体石蜡是指 C_{14}—C_{18} 正构烷烃混合物。液体石蜡所含正构烷烃越高，芳烃含量越少，质量越好。侧链导致氯化时，在叔碳原子上的取代氯原子较活泼，在加热时会快速失去 HCl，将其用作增塑剂时，则会使聚氯乙烯变色或降解。此外，在含烯烃或芳烃杂质时，还会生成不稳定的氯化结构，也会引起增塑制品变色或降解。

固体石蜡原料有黄白蜡、精白蜡等多种牌号，它们是以含油蜡为原料，经深度发汗或溶剂脱油制得。黄石蜡不经精制脱色处理，精白蜡则经精制脱色而制得。氯化石蜡因生产工艺不同，用途不同，对固体石蜡的品质等级要求也不同，如精白蜡的色泽较佳，是制造42型氯化石蜡、70型氯化石蜡的原料。

6. 烷烃氯化的反应机理是什么？

烷烃的氢原子被氯原子取代生成氯代烃的反应称为氯代反应。一般烷烃的氯代反应历程都是自由基取代反应，一旦有自由基生成，反应就反复不断地进行，故又称为链锁反应或链式反应，反应过程均包括链引发、链传递和链终止三个阶段，其过程如下：

链引发：$Cl_2 \longrightarrow 2Cl\cdot$

链增长：$RH+Cl\cdot \longrightarrow R\cdot +HCl$

$\qquad\quad R\cdot +Cl_2 \longrightarrow RCl+Cl\cdot$

链终止：$Cl\cdot +Cl\cdot \longrightarrow Cl_2$

$\qquad\quad R\cdot +Cl\cdot \longrightarrow RCl$

$\qquad\quad R\cdot +R\cdot \longrightarrow RR$

因此，烷烃氯化反应机理是一个链式自由基反应，按产生自由基方法可将氯化工艺分为热氯化、光氯化和催化氯化三种工艺。热氯化法是在加热条件下使氯产生自由基；光氯化法则是利用一定波长的光引发自由基产生；催化氯化法则是借助催化剂的作用将氯气分子中的氯氯键断裂，生成氯自由基。

7. 不同氯化石蜡生产工艺有什么特点？

氯化石蜡的生产工艺大致可分为原料精制、氯化、分离、提纯等过程，这也是一个典型的化工生产过程框架。在几种生产工艺中，热氯化工艺应用时间长，工艺成熟，产品质量稳定。其缺点是生产设备投资大，氯气利用率低，产品成本高，而且副产的盐酸纯度低，后续处理复杂，但这种工艺在国内应用较多。光氯化工艺的氯气转化率高，生产设备投资少，成本适中，但工艺不够成熟，产品质量不稳定。催化氯化工艺的氯气转化率高，产品质量稳定，成本低，生产设备投资介于上述两种工艺之间。此外，还有将光氯化和催化氯化相结合的光催化氯化工艺，但不论采用哪种工艺，都要使前述自由基链式反应始终处于受控状态。

8. 影响氯化石蜡生产的主要工艺因素有哪些？

影响氯化石蜡生产的主要工艺因素有石蜡组成、氯气纯度及通入速度、反应温度和压力、反应时间、体系黏度等。早期生产氯化石蜡时，为降低反应体系的黏度，一般使用四氯化碳为溶剂，将碘、磷、硫、氯化锌等催化剂溶入其中进行反应，但现在受环保法规的限制，禁止使用四氯化碳作溶剂，因而发展了水相法氯化石蜡生产工艺，尤其是 70 型氯化石蜡更是如此。

由于氯化石蜡在不加稳定剂时，常压下的起始分解温度在 120℃以上，为保证氯化石蜡质量，氯化反应温度均低于此温度，反应温度一般为 110℃左右。

氯化反应压力一般为常压，但由于要克服反应体系中液体的静压力，因此氯气需加压通入，压力一般为 0.2MPa 左右。

反应时间与反应的引发方式有关，热氯化时间最长，复合引发方法(如光催化法、热光氯化法)反应时间较短，时间短显示产量高、生产强度高。

体系黏度受石蜡组成、温度、反应产物组成的影响。体系黏度高时会影响体系传热和传质，因此要求体系有适宜的黏度。如水相法生产 70 型氯化石蜡是使用水作为溶剂，其目的在于降低体系的黏度，同时水的存在有利于传热和氯化氢的吸收。

作为例子，水相法生产 70 型氯化石蜡的工艺过程如下：

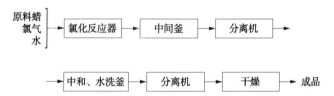

操作时，将原料蜡、水加入氯化反应器，通入氯气反应至终点，将反应物放入中间釜进行脱酸，分离所得固体物料再经中和、水洗、分离、干燥，最后制得固体粉末状 70 型氯化石蜡。

9. 42 型氯化石蜡有哪些性质及用途？

42 型氯化石蜡又名氯烃-42。化学式 $C_{25}H_{45}Cl_7$(平均值，平均分子量 594)。是固体石蜡经深度氯化制成含氯量为 40%~44% 的氯化石蜡，具有与聚氯乙烯类似的结构。外观为淡黄色黏稠液体。相对密度 1.16(25℃)。熔点-30℃。热分解温度 200℃。黏度 2.4Pa·s(25℃)。不溶于水、乙醇，溶于多数有机溶剂及矿物油、润滑油、蓖麻油等。不燃、不皂化、无毒、无腐蚀性，可用于食品包装材料。本品与天然橡胶、氯丁橡胶、聚酯和乙烯类树脂相容。可用作聚氯乙烯的辅助增量增塑剂，挥发性小，阻燃性及电绝缘性好，成本低，能赋予制品一定的光泽和拉伸强度。主要用于电缆料、地板料、软管、人造革等。本品加热至 130℃时开始分解并放出氯化氢，从而催化加速聚氯乙烯树脂的分解，适当加入二碱式硬脂酸铅等热稳定剂可以防止分解。本品也用作润滑油增稠剂、石油产品抗凝剂及增黏剂、金属切削润滑冷却液、皮革加脂剂、油漆稳定剂及塑料阻燃剂等。

10. 52 型氯化石蜡有哪些性质及用途?

52 型氯化石蜡又名氯烃-52,化学式 $C_{15}H_{26}Cl_6$(平均值,平均分子量 420)。外观为淡琥珀色黏稠液体。相对密度 1.235~1.255(25℃)。熔点低于-30℃。折射率 1.503~1.515(20℃)。黏度 0.7~1.5Pa·s(25℃)。热分解温度高于 140℃。不溶于水,微溶于乙醇,易溶于醚、酮及苯等有机溶剂。不燃,低毒,可用于食品包装材料。

本品与聚氯乙烯的相容性比 42 型氯化石蜡好,可用作聚氯乙烯的辅助增量增塑剂,其性能优于 42 型氯化石蜡,增塑效率高、挥发度低、黏度小,对主增塑剂的取代量大。主要用于电缆料、地板料、软管、压延板材、塑料鞋及塑料门窗等制品。本品也用作水果防护乳剂、木材及纸张浸渍剂、润滑油抗极压添加剂、绝热玻璃密封剂,也广泛用作油漆、涂料等的配料。

11. 70 型氯化石蜡有哪些性质及用途?

70 型氯化石蜡又名氯烃-70,简称 CP-70。化学式 $C_{20}H_{24}Cl_{18}$—$C_{24}H_{29}Cl_{21}$(分子量 900~1060)。外观为白色至淡黄色树脂状粉末。相对密度 1.65~1.70(25℃)。软化点 95~105℃。折射率 1.56~1.58(20℃)。长期暴露于 130℃时会变成黑色。不溶于水及低级醇类,溶于丙酮、苯、甲苯、甲乙酮、四氯化碳等矿物油。化学稳定性好,常温下不与水、氧化剂及稀碱起反应。有防水性及抗紫外线等作用,与许多天然材料及聚合物有良好的相容性。受热在 170℃以上时会引起微量降解反应,释出氯化氢,并生成烯烃等物质。

本品含氯量高,是一种广为应用的添加型阻燃剂,具有良好的持久阻燃性能,而且挥发性低,并能提高树脂成型时的流动性和改善制品的光泽。有时也用作增塑剂。主要用作聚乙烯、聚氯乙烯、聚丙烯、聚苯乙烯、热塑性树脂及橡胶等的阻燃剂。也用作润滑油抗磨添加剂、织物防火剂、油漆载色剂、油墨添加剂等。

12. 氯化联苯有哪些性质及用途?

氯化联苯是联苯氯化的产物,组成比较复杂,控制反应条件可制得一系列衍生物,包括氯含量为 16.8% 的一氯化联苯、氯含量为 36.8% 的二氯化联苯、氯含量为 41.4% 的三氯化联苯、氯含量为 48.6% 的四氯化联苯,直至氯含量为 71.1% 的十氯化联苯等。四氯化联苯的化学式 $C_{12}H_6Cl_4$。结构式:

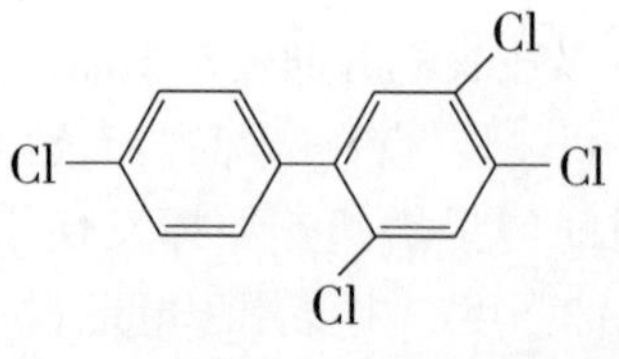

这些衍生物在室温下多为黏度不等的液体,而八氯化联苯和十氯化联苯为白色结晶固体。不溶于水、乙醇和甘油,溶于苯、丙酮等许多有机溶剂及稀释剂、矿物油等。有毒,不能用于食品包装材料。

不同分子量的氯化联苯大多能与乙烯基树脂、硝酸纤维素、香豆酮–茚树脂等多种聚合物相容。其中，液态的氯化联苯有优良的电性能，介电强度高，功率因数低。

本品主要用于硝酸纤维素磁漆、醇酸树脂油性漆等，增塑效率高，可赋予漆膜良好的柔韧性、耐水性和黏结性；用作聚氯乙烯增塑剂时，可提高制品的力学性能、耐水性、阻燃性和电绝缘性能。其中，五氯化联苯及六氯化联苯在室温下都为高黏度无色液体，长期曝晒也不变黄，蒸气压极低，挥发性小，更适合用作增塑剂。但单独使用时，制品得不到充分的柔软性，室温下会发硬。因此，多与邻苯二甲酸二丁酯等增塑剂并用。

13. 五氯硬脂酸甲酯有哪些性质及用途？

五氯硬脂酸甲酯简称 MPCS。化学式 $C_{19}H_{33}O_2Cl_5$。结构式：

$$Cl_5C_{17}H_{30}\overset{\displaystyle C}{\underset{\displaystyle O}{\|}}\text{—OCH}_3$$

外观为淡黄色油状液体，有特殊臭味。相对密度 1.19（25℃）。熔点 –39℃。闪点（开杯）164℃。折射率 1.4888（20℃）。燃点 252℃。黏度 30~50mPa·s（80℃）。不溶于水，溶于醇、醚、酮、芳烃及氯代烃等有机溶剂。

本品是一种含氯脂肪酸酯增塑剂，是由植物油水解所得脂肪酸经酯化得到脂肪酸甲酯后，经加氢得到硬脂酸甲酯，然后经氯化制得五氯硬脂酸甲酯。它与聚氯乙烯、氯乙烯–乙酸乙烯共聚物、聚苯乙烯、聚甲基丙烯酸甲酯、硝酸纤维素、乙基纤维素和乙酸丁酸纤维素等多种聚合物相容。与聚氯乙烯的相容量达到 60 份/100 份树脂。可单独用作增塑剂，有良好的电性能、耐油性、耐水性及低温柔软性，但多数场合是作为辅助增塑剂与其他主增塑剂并用，赋予制品良好的阻燃性及力学性能。特别适用于电绝缘材料、耐热电缆电线、耐油软管等制品。但本品的稳定性较差，与环氧类增塑剂并用能得到改善。市售的五氯硬脂酸甲酯一般都是经过稳定化处理的产品。

十、柠檬酸酯类增塑剂

1. 什么是柠檬酸酯？有哪些特性？

柠檬酸又称枸橼酸、2-羟基-1，2，3-丙烷三羧酸，化学式 $C_6H_8O_7$。结构式：

$$CH_2COOH$$
$$HO—C—COOH$$
$$CH_2COOH$$

柠檬酸酯是由柠檬酸与脂肪醇或芳香醇在催化剂存在下经酯化反应所得到的酯，学名 2-羟基-1，2，3-丙烷三羧酸酯，其结构通式为：

$$CH_2COOR$$
$$HO—C—COOR$$
$$CH_2COOR$$

柠檬酸酯与聚氯乙烯、氯乙烯-偏二氯乙烯、氯乙烯-乙酸乙烯酯共聚物、各种纤维素及某些天然树脂有良好的溶解能力及相容性，可用作这些树脂及纤维素树脂的溶剂型增塑剂，具有耐抽出、迁移性低、挥发性低等特点。许多乙烯基树脂及其共聚物经柠檬酸酯增塑后，制品的柔软性及低温性能好，不变色、不泛黄，耐油抽出。

柠檬酸酯有较好的生理性能，毒性较低或无毒，多数柠檬酸酯适合用作食品包装材料、医疗器械及儿童玩具等。此外，柠檬酸酯还有较好的耐霉菌性能，耐菌性比己二酸酯、癸二酸酯、壬二酸酯、油酸酯、季戊四醇酯、环氧化油及聚酯等化合物要好。用其增塑的制品不受微生物的侵蚀，不滋生霉菌。

由于邻苯二甲酸酯类存在着多年来尚未解决的毒性问题，近一个时期以来，人们除努力开发能替代邻苯二甲酸酯可用于食品包装及医疗器械新产品的同时，也对柠檬酸酯的开发及应用加强研究。但因天然柠檬酸来源有限，由于价格问题，柠檬酸酯作为增塑剂使用受到限制。

柠檬酸酯的分子结构中含有一个羟基，它的存在会减少与聚氯乙烯等聚合物的相容性。因此，用作增塑剂的柠檬酸酯常将该羟基进行酰基化，特别是进行乙酰化制成酰基柠檬酸酯。

2. 柠檬酸酯是怎样制造的？

柠檬酸酯是由柠檬酸和脂肪醇（或芳香醇）在催化剂作用下制得的。催化剂一般用硫酸、盐酸或酸式盐(如硫酸氢钾、硫酸氢钠)，也可用锌、锡等金属混合物。醇的用量一般是化学计量值过量50%，所用催化剂用量为0.1%。

操作时，将柠檬酸、醇和催化剂在带水剂存在下于反应器中加热酯化，在水和醇达到共沸点时，水被醇带出，馏出的醇再返入反应器中。当酯化达到理论出水量后，减压将多余的醇脱去，经水洗、中和、蒸馏而得到成品，产品收率一般可在90%左右。

柠檬酸酯的乙酰化反应是由柠檬酸酯与过量的乙酸酐反应，以0.01%硫酸为催化剂，在60~90℃下反应0.5~1h。然后，减压蒸去乙酸，经水洗及中和得到成品。除硫酸外，也可采用FeCl₃作催化剂，并可得到更高的酯化率。

柠檬酸和醇类酯化制取柠檬酸酯的一般工艺过程如下：

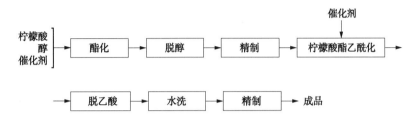

3. 柠檬酸三乙酯有哪些性质及用途？

柠檬酸三乙酯又称枸橼酸三乙酯，简称TEC。化学式$C_{12}H_{20}O_7$。结构式：

$$
\begin{array}{c}
CH_2COOC_2H_5 \\
| \\
HO-C-COOC_2H_5 \\
| \\
CH_2COOC_2H_5
\end{array}
$$

外观为无色透明液体，微具气味。相对密度1.136(25℃)。沸点294℃。熔点-55℃。闪点(开杯)155℃。折射率1.4405(25℃)。黏度35.2mPa·s(25℃)。挥发度0.0000676g/cm²(100℃，1h)。微溶于水，溶于乙醇、丙酮及苯等多数有机溶剂，难溶于矿物油。低毒，可用于食品包装材料。

本品与乙烯基树脂、纤维素树脂及氯化橡胶等高度相容，对天然树脂、树脂胶有较好的溶解作用；是乙酸纤维素、硝酸纤维素、乙基纤维素及纤维素醚混合物的溶剂型增塑剂。也用作聚氯乙烯、聚乙酸乙烯酯、聚乙烯醇缩甲醛、合成橡胶、达玛树脂及天然树脂等的增塑剂。硝酸纤维素及二酸纤维素等增塑后的膜柔软，用于油漆或漆料时，具有较好的耐霉菌性能，用其增塑的丙烯酸树脂，可用于制造长效释放药的糖衣。聚丙交酯(又称聚乳酸)用其增塑后，可用于制造薄膜、涂布纸及注塑制品等。

本品可由柠檬酸和乙醇以1:6(物质的量比)在催化剂(硫酸、盐酸或氯化铁等)和带水剂的存在下经加热酯化反应制得。

4. 柠檬酸三丁酯有哪些性质及用途？

柠檬酸三丁酯又称柠檬酸三正丁酯、枸橼酸三丁酯。化学式$C_{18}H_{32}O_7$。结构式：

$$CH_2COOC_4H_9$$
$$HO-C-COOC_4H_9$$
$$CH_2COOC_4H_9$$

外观为无色或微黄色油状液体，微具气味。相对密度 1.043～1.049。沸点 170℃（0.133kPa）。熔点-20℃。闪点（开杯）185℃。折射率 1.4453（20℃）。黏度 31.9mPa·s（25℃），挥发度 0.000065g/cm²（100℃、1h）。不溶于水，溶于甲醇、丙酮、苯、矿物油及植物油等。在沸水中不水解。毒性比柠檬酸三乙酯小，有抗菌性，可用于食品包装材料及儿童玩具。

本品与乙烯基树脂、乙基纤维素、硝酸纤维素、聚苯乙烯及合成橡胶等相容，与乙酸纤维素、乙酸丁酸纤维素部分相容。可用作聚氯乙烯、纤维素树脂等的增塑剂，增塑效率高、挥发性小，有良好的耐光、耐寒及耐水性，并有抗霉菌性及药理安全性，如制造食品包装膜、饮料管、防护外衣、医院内围墙及注塑制品等。柠檬酸三丁酯黏度低，稳定性好，是聚氯乙烯优良的胶凝剂，既可单独使用，也可与邻苯二甲酸二丁酯或磷酸三甲苯酯等并用。与聚丙交酯并用可生产薄膜、涂布纸和注射制品。本品还可用作染料助溶剂、橡胶软化剂、润滑剂及美容化妆品的添加剂等。

本品的电绝缘性能不好，功率因素低，击穿电压低，因而在电性能要求较高的制品中的应用受到限制。

柠檬酸三丁酯可由柠檬酸与丁醇（约过量60%）在催化剂存在下经酯化反应制得。

5. 乙酰柠檬酸三乙酯有哪些性质及用途？

乙酰柠檬酸三乙酯又称柠檬酸乙酰三乙酯。化学式 $C_{14}H_{22}O_8$。结构式：

$$CH_2COOC_2H_5$$
$$CH_3COO-C-COOC_2H_5$$
$$CH_2COOC_2H_5$$

外观为无色油状液体。相对密度 1.135～1.139（25℃）。沸点 132℃（0.133kPa）。熔点-50℃。闪点（开杯）187℃。折射率 1.4386（25℃）。黏度 42.7mPa·s（25℃）。挥发度 0.000497g/cm²（105℃、1h）。难溶于水，高温下长时间受热会水解。溶于丙酮、苯、醚等多数有机溶剂。低毒，可用于食品包装材料。

本品与聚氯乙烯、氯乙烯-乙酸乙烯酯共聚物、乙基纤维素、硝酸纤维素、氯乙烯-偏二氯乙烯共聚物、聚乙烯醇缩丁醛及氯化橡胶等相容性好，与乙酸纤维素、乙酸丁酸纤维素部分相容。可用作乙基纤维素、乙酸纤维素及硝酸纤维素等的溶剂型增塑剂，耐抽出，迁移性小，用其生产的漆膜翘曲性小，耐光性强，挥发度低。用其增塑的乙酸纤维素可用于生产生物降解膜及香烟过滤嘴。在聚氯乙烯及氯乙烯共聚物中主要用作辅助增塑剂。聚硅氧烷被其增塑后，可用于头发定型剂和医用疏水胶黏剂，本品还可用作聚乙烯乙酸酯及聚偏二氯乙烯的稳定剂，以及用于制造无纺布疏水胶黏剂及可生物降解的纸质疏水胶黏剂等。

乙酰柠檬酸三乙酯可由柠檬酸三乙酯与乙酸酐在硫酸催化下经乙酰化反应制得。

6. 乙酰柠檬酸三丁酯有哪些性质及用途？

乙酰柠檬酸三丁酯又称柠檬酸三丁酯，化学式 $C_{20}H_{34}O_8$。结构式：

$$CH_3COO—\underset{\overset{|}{CH_2COOC_4H_9}}{\overset{\overset{CH_2COOC_4H_9}{|}}{C}}—COOC_4H_9$$

外观为无色清亮油状液体。相对密度 1.046（25℃）。沸点 173℃（0.133kPa）。熔点-80℃。闪点（开杯）204℃。折射率 1.4408（25℃）。黏度 42.7mPa·s（25℃）。挥发度 0.000009g/cm² （105℃、1h）。不溶于水，高度耐水解，在沸水中煮 6h 也不水解。溶于乙醇、苯、丙酮、矿物油等多数有机溶剂。

乙酰柠檬酸三丁酯分子结构中含有乙酰基和酯基，与聚氯乙烯、氯乙烯-乙酸乙烯酯共聚物、硝酸纤维素、乙基纤维素、聚乙烯醇缩丁醛、聚乙酸乙烯酯、氯乙烯-偏二氯乙烯共聚物及氯化橡胶等有较好的相容性，与乙酸纤维素、乙酸丁酸纤维素部分相容。

本品是柠檬酸酯类增塑剂中应用最广的品种，其特点是无臭、无毒，有耐霉菌性，而且高度耐光、耐水，挥发性很低，耐热及耐寒性也很好，用本品增塑的树脂具有良好的低温柔软性，对热又很稳定，特别适合于制造封口用制品。用作硝酸纤维素、乙酸纤维素及纤维素醚等的溶剂型增塑剂时，所配制的漆与金属黏结力好，即使长时间暴露于水中，黏结力也不减弱。用于聚氯乙烯、氯乙烯共聚物、聚苯乙烯及聚乙酸乙烯酯等增塑时，对树脂有稳定作用，而且加工性能好，易于制膜和片材。本品也可用于配制溶剂型涂料，可提高涂料与金属间的黏结力，而且使涂料耐变黄。本品药理上安全，故可用于制造儿童用的乙烯基树脂玩具、软饮料瓶、罐头密封垫、奶制品用纸盒、可生物降解膜及香烟过滤嘴等。

乙酰柠檬酸三丁酯可由柠檬酸三丁酯与乙酸酐在硫酸催化下经乙酰化反应制得。

7. 乙酰柠檬酸三（2-乙基己基）酯有哪些性质及用途？

乙酰柠檬酸三（2-乙基己基）酯又称乙酰柠檬酸三异辛酯。化学式 $C_{32}H_{58}O_8$。结构式：

$$CH_3COO—\underset{\overset{|}{CH_2COOCH_2\underset{\overset{|}{C_2H_5}}{CH}C_4H_9}}{\overset{\overset{CH_2COOCH_2\overset{\overset{C_2H_5}{|}}{CH}C_4H_9}{|}}{C}}—COOCH_2CH(C_2H_5)C_4H_9$$

外观为无色油状液体。相对密度 0.983（25℃）。沸点 225℃（0.133kPa）。闪点（开杯）224℃。熔点-19.4℃。不溶于水，溶于丙酮、苯、氯代烃及矿物油等。无毒，可用于食品包装材料。

本品可用作聚氯乙烯、氯乙烯–乙酸乙烯酯等共聚物的增塑剂，挥发性极低，耐寒性好。在相同配方的条件下，本品的挥发损失仅为邻苯二甲酸二辛酯的 1/4。也用作聚偏二氯乙烯的稳定剂。

8. 乙酰柠檬酸三(正辛基正癸)酯有哪些性质及用途？

乙酰柠檬酸三(正辛基正癸)酯的结构式为：

$$CH_3COO-\overset{\displaystyle CH_2COOC_nH_{2n+1}}{\underset{\displaystyle CH_2COOC_nH_{2n+1}}{\overset{|}{\underset{|}{C}}}}-COOC_nH_{2n+1} \qquad (n=8, 10)$$

外观为油状液体。相对密度 0.9711(20℃)。闪点(开杯)249℃。流动点-119℃。黏度 42.9s(赛波特通用黏度计，99℃)。不溶于水，溶于丙酮、芳烃、氯代烃及矿物油等。低毒。

本品挥发性小、耐水性及电性能好，用作聚氯乙烯薄膜的耐寒增塑剂，是一种防雾性增塑剂，适用于无滴农膜的生产。

十一、苯多酸酯类增塑剂

1. 什么是苯多酸酯类增塑剂？有什么特点？

苯多酸酯是苯多酸(如1，2，4-苯三酸，又称偏苯三酸；1，2，4，5-苯四酸，又称均苯四酸)与脂肪醇在催化剂作用下，经酯化反应制得的产品，包含偏苯三酸酯及均苯四酸酯。苯多酸酯类增塑剂的常见产品包括偏苯三酸三辛酯、均苯四酸四辛酯等。

相对于邻苯二甲酸类增塑剂，苯多酸由于分子结构中存在较多可酯化的羧基，因而其酯化产品在性能上有更多的特性，如苯多酸酯类增塑剂具有分子量较大、闪点高、挥发性低、黏度大、耐迁移性小及耐抽出等优点，特别是偏苯三酸酯类增塑剂有更接近于邻苯二甲酸酯类增塑剂的综合性能。在聚合物加工中，与高分子材料(特别是聚氯乙烯)的相容性好，其加工性、低温性能类似于邻苯二甲酸酯类，耐迁移性比邻苯二甲酸二辛酯更好。

偏苯三酸酯有优异的电绝缘性和抗导电性，能有效提高聚氯乙烯制品的绝缘性，能使制品的电绝缘性超过90℃、105℃级电缆料标准，均苯四酸酯的分子结构中含有4个酯基，比偏苯三酸酯的分子量大，因而与聚氯乙烯的相容性更好，而高温性及热稳定性更强，且介质对均苯四酸酯的抽出率比偏苯三酸酯更低。

苯多酸酯类增塑剂兼有单体型增塑剂及聚合型增塑剂两者的优点，不仅可作为一般的主增塑剂用于民用产品，而且还能用于某些医用产品及军工产品。

2. 制造苯多酸酯类增塑剂使用哪些原料？

制造苯多酸酯类增塑剂的主要原料有偏苯三酸酐、均苯四酸二酐、C_4 以上脂肪醇及催化剂。

(1) 偏苯三酸酐。又名1，2，4-苯三甲酸酐。化学式 $C_9H_4O_5$。结构式：

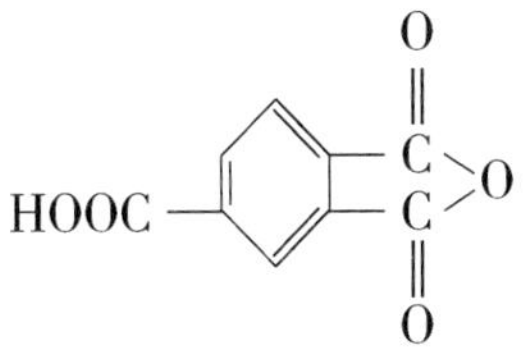

外观为白色粉末或针状结晶。相对密度 1.68。熔点 164 ~ 168℃。沸点 240 ~ 245℃ (1.87kPa)。溶于热水、乙醇、丙酮、乙酸乙酯，微溶于甲苯、四氯化碳。易燃，低毒。可由1，2，4-三甲苯经催化氧化制得。

(2) 均苯四酸二酐。又称均苯四甲酸二酐、1，2，4，5-苯四甲酸酐。化学式 $C_{10}H_2O_6$。

结构式：

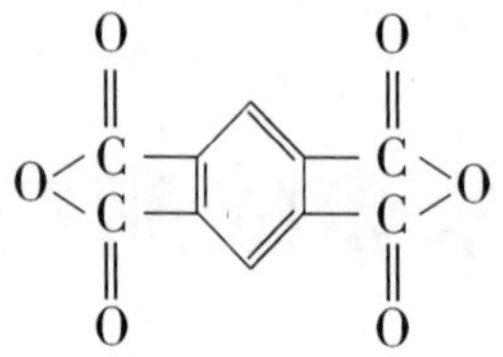

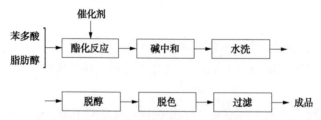

外观为白色粉末或针状结晶。相对密度 1.680。熔点 283～286℃。沸点 397～400℃（0.1MPa）。溶于二甲基亚砜、二甲基甲酰胺、丙酮、甲乙酮、乙酸乙酯，不溶于苯、正己烷、乙醚、氯仿。暴露于空气中时会水解成均苯四甲酸。有毒。可由 1，2，3，4-均四甲苯空气催化氧化制得。

(3) C_4 以上脂肪醇。如 2-乙基己醇、异辛醇、异壬醇、异癸醇、C_{16}—C_{10} 醇。

(4) 催化剂。主要分为 4 类：

① 酸性催化剂，如硫酸、对甲苯磺酸；

② 金属有机化合物，如钛酸四丁酯、钛酸四异丙酯；

③ 金属氧化物或氢氧化物；

④ 负载型固体催化剂，如负载型 V_2O_5 催化剂。

酸性催化剂对设备有腐蚀，副反应较多，对产品质量也有一定影响。后 3 类催化剂是目前推广应用的主要方向。

3. 苯多酸酯类增塑剂的一般生产过程是怎样的？

苯多酸酯类增塑剂是苯多酸与脂肪醇在催化剂存在下经酯化反应制得，其一般生产过程如下：

酯化反应是主要过程。按所用催化剂不同，可分为酸性催化剂及非酸性催化剂工艺。酸性催化剂工艺的反应温度较低，酯化反应温度一般为 150℃ 左右，反应时间约 3h；非酸性催化剂工艺的反应温度较高，酯化反应温度一般在 200℃ 以上，反应时间 2～3h，产品纯度较高，对设备的腐蚀性也小。

苯多酸酯的工业生产流程分为间歇式、半连续式和连续式 3 类。间歇式生产的优点是设备及控制都较简单，投资少，而且容易调整工艺条件，进行小批量、多品种增塑剂的生产。但这种工艺的原材料消耗多，耗能高，劳动生产率低，产品质量也不稳定。

半连续式生产工艺是酯化过程采用间歇操作，而粗酯的后处理采用连续操作。其特点是设备费用较连续法省，操作也简单，改变工艺条件生产其他品种也较容易，但产品质量不如连续法工艺稳定。

连续式工艺是全部工艺都采用连续化生产。其特点是原材料消耗及能耗低，劳动生产率高，产品质量稳定。但技术要求及自动化控制水平高，前期投资费用较大。目前，国内的苯多酸酯类生产工艺还是以间歇法居多。

4. 偏苯三甲酸三辛酯有哪些性质及用途？

偏苯三甲酸三辛酯又称偏苯三甲酸三(2-乙基己基)酯。简称 TOTM。化学式 $C_{33}H_{54}O_6$。结构式：

$$CH_3(CH_2)_3CH(C_2H_5)CH_2OOC - \bigcirc \begin{matrix} COOCH_2CH(C_2H_5)(CH_2)_3CH_3 \\ COOCH_2CH(C_2H_5)(CH_2)_3CH_3 \end{matrix}$$

外观为无色至淡黄色透明黏稠液体，微具气味。相对密度 0.990。沸点 283℃(400Pa)。熔点 -35℃。闪点(开杯)大于 245℃。燃点 290℃。折射率 1.4832(25℃)。黏度 100 ~ 300mPa·s(20℃)。挥发度小于 0.05mg/cm²(100℃、1h)。不溶于水，溶于醚、酮、芳烃等多数有机溶剂。可燃。低毒。

本品是一种耐热性及耐久性增塑剂，可用作主增塑剂，具有耐热性、电绝缘性、低温柔软性及加工性能好等特点。无论是单独使用或与其他增塑剂混合使用，都会使聚合物有较好的加工性能。适用于聚氯乙烯、氯乙烯共聚物、聚甲基丙烯酸甲酯、乙基纤维素、硝酸纤维素、乙酸丁酸纤维素等多种聚合物。用于制造电线电缆、板材、密封垫、薄膜及儿童玩具等。用于聚氯乙烯，能使制品达到甚至超过 UL90℃级和 105℃级电缆料标准，并在加工过程中减少返工率，拉线成型方便。也可用于乙烯基胶黏剂、电冰箱密封条及汽车内部装潢等制品。

5. 偏苯三甲酸三异辛酯有哪些性质及用途？

偏苯三甲酸三异辛酯简称 TIOTM。化学式 $C_{33}H_{54}O_6$。结构式：

$$H_{17}C_8OOC - \bigcirc \begin{matrix} COOC_8H_{17} \\ COOC_8H_{17} \end{matrix} \qquad （C_8H_{17}为异辛基）$$

外观为油状液体，微具气味。相对密度 0.9896。熔点低于 -45℃。闪点(开杯)大于 260℃。折射率 1.4830(23℃)。黏度 100mPa·s(25℃)。挥发度小于 0.05mg/cm²(100℃、1h)。不溶于水，溶于醚、酮、苯等有机溶剂。

本品是偏苯三甲酸三辛酯的异构体。两者性质大致相同。与聚氯乙烯、聚甲基丙烯酸甲酯、硝酸纤维素、乙基纤维素等聚合物相容；与聚苯乙烯、聚乙烯醇缩丁醛部分相容；与聚乙酸乙烯酯、乙酸纤维素不相容。TIOTM 的强溶解力、低温性能、加工性及对聚合物的相容性与单体增塑剂相近，耐久性可与聚酯增塑剂相媲美。它的电绝缘性优良及低挥发性，适用于制造电线电缆、耐高温及薄膜制品。也可用于制造汽车防雾制品及耐洗涤、耐抽出性涂料。

6. 偏苯三甲酸三异癸酯有哪些性质及用途？

偏苯三甲酸三异癸酯的化学式为 $C_{39}H_{66}O_6$。结构式：

$$H_{21}C_{10}OOC —\!\!\!\!\bigcirc\!\!\!\!— \begin{matrix} COOC_{10}H_{21} \\ COOC_{10}H_{21} \end{matrix} \qquad （C_{10}H_{21}为异癸基）$$

外观为油状液体，微具气味。相对密度 0.969（25℃）。熔点 -37℃。闪点（开杯）大于 271℃。折射率 1.4830（25℃）。黏度 69.4s（赛波特通用黏度计，99℃）。不溶于水，溶于醚、酮、苯等多数有机溶剂。本品性能及用途与偏苯三甲酸三辛酯相似，耐热性、耐久性及加工性都好，挥发性小，耐迁移性比邻苯二甲酸酯及己二酸酯类增塑剂更好，常用作聚氯乙烯、氯乙烯共聚物等的耐热增塑剂。

7. 偏苯三甲酸三(正辛基正癸)酯有哪些性质及用途？

偏苯三甲酸三(正辛基正癸)酯的化学式为 $C_{34}H_{56}O_6$（或 $C_{36}H_{60}O_6$）。结构式：

$$H_{2n+1}C_nOOC —\!\!\!\!\bigcirc\!\!\!\!— \begin{matrix} COO(CH_2)_7CH_3 \\ COO(CH_2)_9CH_3 \end{matrix} \qquad （n=8，10）$$

外观为无色至淡黄色透明油状液体。相对密度 0.978（23℃）。熔点 -35℃。沸点 281℃（0.199kPa）。闪点（开杯）266℃。折射率 1.4820（25℃）。黏度 115mPa·s（25℃）。燃点 299℃。不溶于水，溶于丙酮、苯、醚等有机溶剂。

本品是一种耐热性及耐久性增塑剂，除具有偏苯三甲酸三异辛酯的性能外，其耐热、耐氧化、耐老化及耐寒性更好，适用于聚氯乙烯、氯乙烯共聚物、乙基纤维素、硝酸纤维素及乙酸丁酸纤维素等聚合物，可单独使用或与其他增塑剂并用，制造一般及高档制品。

8. 偏苯三甲酸三己酯有哪些性质及用途？

偏苯三甲酸三己酯简称 NHTM。化学式 $C_{27}H_{42}O_6$。结构式：

$$CH_3(CH_2)_5OOC —\!\!\!\!\bigcirc\!\!\!\!— \begin{matrix} COO(CH_2)_5CH_3 \\ COO(CH_2)_5CH_3 \end{matrix}$$

外观为无色至淡黄色油状液体。相对密度 1.012（25℃）。熔点 -56℃。沸点 243℃（0.533kPa）。闪点（开杯）263℃。折射率 1.485（25℃）。黏度 94mPa·s（25℃）。不溶于水，溶于醚、酮、芳烃等多数有机溶剂。

本品可用作聚氯乙烯、氯乙烯共聚物、聚乙酸乙烯酯/ABS 树脂混合物的多功能主增塑剂，其相容性、溶解力、增塑效率、干混性及熔融性等可与邻苯二甲酸二辛酯媲美。被增塑制品的耐久性好，适用于制造电线电缆、汽车内壁墙面革、车厢顶棚内衬、汽车防雾制品等。也用于耐抽出及耐迁移性制品，如婴儿服装、家具覆盖物、冷冻机垫圈、乙烯基胶带等，制品使用寿命长，用其生产的聚氯乙烯增塑糊的黏度低，适用于制造浸涂、刷涂及发泡制品。

9. 偏苯三甲酸二异辛基异癸酯有哪些性质及用途？

偏苯三甲酸二异辛基异癸酯简称 DIODTM，化学式 $C_{35}H_{58}O_6$。结构式：

$$H_{21}C_{10}OOC - \overset{COOC_8H_{17}}{\underset{COOC_8H_{17}}{\bigcirc}} \qquad \left(\begin{array}{l} C_{10}H_{21} \text{为异癸基} \\ C_8H_{17} \text{为异辛基} \end{array} \right)$$

外观为油状液体，微具气味。相对密度 0.978（23℃）。闪点（开杯）249℃。折射率 1.4838（23℃）。黏度 9.46mPa·s（100℃）。不溶于水，溶于苯、丙酮、氯代烃等多数有机溶剂。

本品可用作聚氯乙烯、聚甲基丙烯酸甲酯、乙基纤维素、乙酸丁酸纤维素、乙酸纤维素等聚合物的增塑剂，具有耐热性好、挥发性小、耐久性及电绝缘性好等特点，适用于制造电线电缆料等耐高温制品。

10. 均苯四甲酸四丁酯有哪些性质及用途？

均苯四甲酸四丁酯又称均苯四甲酸四丁酯，化学式 $C_{26}H_{38}O_8$。结构式：

$$\begin{array}{l} CH_3(CH_2)_3OOC - \\ CH_3(CH_2)_3OOC - \end{array} \bigcirc \begin{array}{l} - COO(CH_2)_3CH_3 \\ - COO(CH_2)_3CH_3 \end{array}$$

外观为淡黄色油状液体。相对密度 0.955（20℃）。闪点（开杯）180℃。折射率 1.483（20℃）。黏度 0.35mPa·s（20℃）。挥发度 1.0%（130℃、1h）。不溶于水，溶于醚、酮、芳烃等多数有机溶剂。低毒。

本品是分子量较高的单体型增塑剂，性能与偏苯三甲酸酯类似，但挥发性更小、耐久性更好，更适用于耐热、耐久性有特殊要求的制品，可用于生产聚氯乙烯管、薄膜、电缆料，也可用于医疗领域，制造医疗器械及医用制品。

11. 均苯四甲酸四辛酯有哪些性质及用途？

均苯四甲酸四辛酯又称均苯四甲酸四(2-乙基己基)酯。简称 TOPM。化学式 $C_{42}H_{70}O_8$。结构式：

$$\begin{array}{ccccc} C_2H_5 & O & O & C_2H_5 \\ | & \| & \| & | \\ CH_3(CH_2)_3CHCH_2O - C - \bigcirc - C - OCH_2CH(CH_2)_3CH_3 \\ CH_3(CH_2)_3CHCH_2O - C - \quad - C - OCH_2CH(CH_2)_3CH_3 \\ | & \| & \| & | \\ C_2H_5 & O & O & C_2H_5 \end{array}$$

外观为淡黄色至棕黄色油状液体。相对密度 0.987。闪点（开杯）254℃。折射率 1.4840（20℃）。黏度 6.5Pa·s（20℃）。挥发度 0.1%（130℃、1h），不溶于水，溶于醚、酮、芳烃等多数有机溶剂。低毒。

本品分子结构中含有 4 个酯基，分子量比偏苯三甲酸三辛酯更大，故与聚氯乙烯树脂相容性更好，耐高温性及电绝缘性也好，介质对均苯四甲酸四辛酯的抽出率比邻苯二甲酸二辛酯及偏苯三甲酸三辛酯更低。可用作聚氯乙烯超耐热增塑剂，用于 105～120℃ 电缆料及具有特殊耐热要求的聚氯乙烯制品。由于毒性很低，还可作为医用增塑剂用于导液管、薄膜、护套及各种人体器官代用品等制品。

十二、磺酰胺类化合物及石油酯增塑剂

1. 什么是磺酰胺类化合物？用什么方法制取？

磺酰胺是烃基 R 与磺酰氨基—$SO_2NR_1R_2$ 结合的磺酸衍生物，其结构通式为：

$$R-\underset{\underset{O}{\|}}{\overset{\overset{O}{\|}}{S}}-N\underset{R_2}{\overset{R_1}{<}}$$

（R_1、R_2 为烃基或 H，两者可以相同，也可以不相同）

因此，磺酰胺类化合物也可看作脂肪族化合物碳链上的氢或芳香核上的氢被磺酰氨基—SO_2NH_2（R_1、R_2 均为 H）所取代的化合物，前者称为脂肪族磺酰胺 $RCH_2SO_2NH_2$，后者称为芳香族磺酰胺 $C_6H_5SO_2NH_2$。由于磺酰氨基上的 H 可以被各种烃基（如烷基或芳基）所取代，由此又可衍生出许多取代的磺酰胺类化合物。

磺酰胺一般由磺酰氯或多氯代苯磺酰氯与脂肪族伯胺、环状脂肪族伯胺、芳香族伯胺或它们的仲胺反应制得，如：

$$RSO_2Cl+\underset{R_2}{\overset{R_1}{>}}NH \longrightarrow R-SO_2N\underset{R_2}{\overset{R_1}{<}}$$

反应通常是在惰性液体介质（如苯、环己烷、四氯化碳等）和 HCl 接收体（KOH、叔胺）于一定温度下进行，反应结束后按常规方法精制后得到成品。

由仲胺制得的磺酰胺类化合物，分子中酸性的氢原子仍与氮原子相连，因而能溶于碱性溶液中；而由叔胺制得的磺酰胺类化合物，分子中酸性氢原子与氮原子不相连，因此不溶于碱溶液。

2. 磺酰胺类化合物有哪些性质及用途？

磺酰胺类化合物一般为白色至浅黄色黏稠状液体，或结晶状固体，或颗粒粉末，微有气味，毒性较低，不溶于水和石油烃，溶于醇、酮、酯、芳烃和植物油，折射率较高，挥发性低，与许多聚合物相容，很适合于许多聚合物和树脂在高温加工过程中用作增塑剂。

对于脂肪族磺酰胺（如 N,N'-二烷基磺酰胺）的性能与脂肪烃化合物的链长有关，链长为 C_4—C_6 时，其耐挥发性、低温性及对聚合物的塑化性能都较好。碳原子数大于 6 时，上述性能会下降，而碳原子数小于 4 时，相容性好，但挥发损失较大；非对称的脂肪族酰胺（N,N'不同）的相容性比对称的脂肪族酰胺的相容性好；不饱和脂肪烃环氧化后生成的环氧脂肪烃磺酰胺，许多性能比未环氧化产物好；N,N'-二正丁基磺酰胺的耐寒性几乎与癸二酸二辛酯相当。

磺酰胺类化合物可用作热塑性聚合物及热固性聚合物的增塑剂，如用于聚氯乙烯、氯乙烯共聚物、聚酰胺、聚酯、醇酸树脂、纤维素树脂、聚烯烃、酚醛树脂、环氧树脂、硅树脂、聚乙酸乙烯酯、聚芳砜、聚醚酮、聚醚砜及聚苯乙烯等多种聚合物的增塑，用于制造各种成膜物质、涂料、热熔黏合剂及塑料制品等。

3. 邻、对甲苯磺酰胺有哪些性质及用途？

邻、对甲苯磺酰胺是邻甲苯磺酰胺及对甲苯磺酰胺的混合物，两者的化学式为 $C_7H_9O_2SN$，结构式分别为：

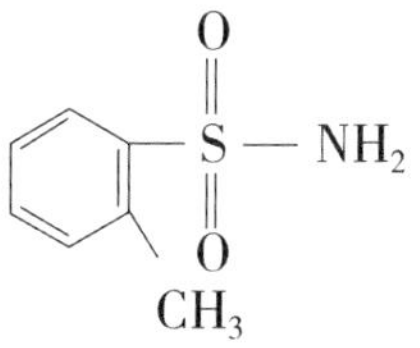

（邻甲苯磺酰胺） 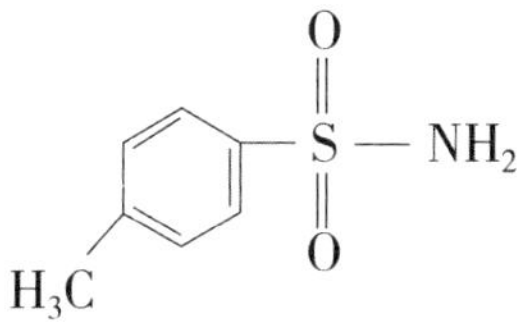 （对甲苯磺酰胺）

外观为白色或淡黄色细粒。相对密度 1.353（固体）。熔点 105℃。闪点（开杯）206℃。沸点 360℃（101.3kPa）。折射率 1.540（25℃）。挥发度 0.000053g/cm²（100℃、1h）。微溶于水及乙醇，溶于多数有机溶剂、热的亚麻籽油、桐油和蓖麻油，几乎不溶于石油烃，在等量水和浓氨水的混合液中溶解度为 5%。低毒。可由甲苯与氯磺酸磺化制得邻、对甲苯磺酰胺，再将粗品脱水及精制而得。

本品与乙基纤维素、硝酸纤维素、乙酸丁酸纤维素、聚乙酸乙烯酯、虫胶、尿素甲醛树脂等有较好的相容性。是一种热固性塑料的优良固体增塑剂，适用于酚醛树脂、三聚氰胺树脂、脲醛树脂、聚酰胺树脂等的增塑。在热固性树脂中加入本品 2%~5% 即可改善模塑温度时的流动性，使填料湿润，并可使增塑的制品有良好的光泽，如其制得的薄膜、涂料及油漆在长期使用过程中都能保持良好的光泽度。用于脲醛模塑料中，可起到助流剂及硬化剂的作用；用于塑料与不易溶解的烃类溶剂中，可起到溶胀剂的作用；用于三聚氰胺涂料、层压树脂中，可以提高溶液的稳定性、熟化时的流动性等。

4. N-乙基邻、对甲苯磺酰胺有哪些性质及用途？

N-乙基邻、对甲苯磺酰胺是 N-乙基邻甲苯磺酰胺及 N-乙基对甲苯磺酰胺的混合物。又称 Santicizer 8。化学式 $C_9H_{13}O_2SN$。两者的结构式分别为：

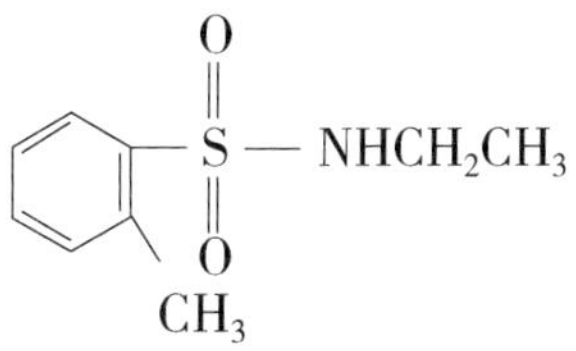

（N-乙基邻甲苯磺酰胺） 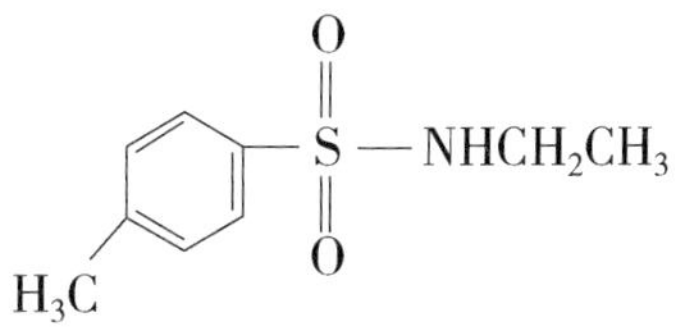 （N-乙基对甲苯磺酰胺）

外观为淡琥珀色黏稠状液体。相对密度 1.190(25℃)。熔点 18℃。闪点(开杯)174℃。沸点 340℃(101.3kPa)。折射率 1.540(25℃)。黏度 358.4×10⁻⁶ m²/s(25℃)。挥发度 0.0002659g/cm²(100℃、1h)。微溶于水、石油烃、桐油，不溶于亚麻油，溶于蓖麻油，与多数有机溶剂混溶。储存时会发生部分结晶。

本品与乙酸纤维素、乙酸丙酸纤维素、聚乙酸乙烯酯、聚乙烯醇缩丁醛、硝酸纤维素等的相容性非常好，每 100 份聚合物，可加入本品 90 份以上。与酚醛树脂、乙基纤维素、虫胶、蛋白质、三聚氰胺等也有较好的相容性。与烯丙基淀粉、丙烯酸树脂部分相容。乙酸纤维素等树脂用本品增塑后，制得的薄膜、片材的光亮度、拉伸强度及柔软性都较好；硝酸纤维素增塑的产品，其加工性能好，漆膜柔软，黏合性强。本品可用作大豆蛋白、玉米蛋白等蛋白质物质的增塑剂，既可单独使用，也可与甘油等其他物质并用，加入量可达 10%~40%。用于尼龙类物质增塑时，可以降低熔点，改善制品冲击强度和柔软性、韧性；用于聚乙酸乙烯酯，可提高所制黏合剂的黏性及柔软性。

5. N-环己基对甲苯磺酰胺有哪些性质及用途？

N-环己基对甲苯磺酰胺又称 Santicizer1H。化学式 $C_{13}H_{19}O_2SN$。结构式：

$$H_3C \text{—} \bigcirc \text{—} \overset{\overset{O}{\|}}{\underset{\underset{O}{\|}}{S}} \text{—NHCH} \begin{matrix} CH_2 \text{—} CH_2 \\ CH_2 \text{—} CH_2 \end{matrix} CH_2$$

外观为黄褐色结晶性固体。相对密度 1.125。熔点 82.5℃。沸点 350℃(101.3kPa)。蒸气压 13.33Pa(150℃)。不溶于水，溶于醇、酮、酯、芳烃和植物油，微溶于脂肪烃溶剂。对光和热(至150℃)稳定。低毒，可用于食品包装材料的黏合剂制品。

本品与乙烯基树脂、纤维素树脂等许多聚合物有良好的相容性，可用作这类聚合物的增塑剂，用于涂料、黏合剂、热封漆及薄膜等制品，制品具有良好的柔软性及光稳定性；贝壳、树脂、虫胶等增塑后，制品的柔软性提高；也可增塑蛋白质类物质，提高制品的柔软性。

6. 什么是石油酯？

以平均碳原子数为 15 的重液体石蜡为原料，经氯磺酰化后再与苯酚酯化所得的烷基磺酸苯酯，常称为石油酯。我国采用天然石油，截取 220~320℃馏分，经分子筛或尿素络合，脱除芳烃及支链烃后所得的重液体石蜡为原料，由于工艺过程中的磺酰氯化深度一般控制在 50%左右，这种以石油为原料的合成产品又称为 T-50 石油酯；而以水煤气合成油为原料所得的产品称为 H-50 石油酯，如果酯化反应中用甲酚替代苯酚，则所得产品为烷基磺酸甲酚酯。

7. 石油酯有哪些性质及用途？

石油酯不溶于水，溶于多数有机溶剂。与许多聚合物相容，与聚氯乙烯的相容性更好。可用作聚氯乙烯、氯乙烯共聚物、纤维素树脂及橡胶等的增塑剂，是一种通用型增塑剂,具有较好的增塑效率及加工性能,有良好的凝胶能力,迁移性低,耐皂化及耐候性好。其凝胶能力比邻苯二甲酸二辛酯好,含两份聚氯乙烯树脂和一份石油酯配成的糊料,在室温下放置一年,黏度不变,因此用石油酯调制聚氯乙烯糊料是很合适的;石油酯的耐候性和光稳定性也比邻苯二甲酸二辛酯要好;石油酯的溶渗率比邻苯二甲酸二辛酯和癸二酸二辛酯快,而比邻苯二甲酸二丁酯要慢。因此,石油酯的塑化加工温度较邻苯二甲酸二辛酯和癸二酸二辛酯低,而较邻苯二甲酸二丁酯高。

石油酯与邻苯二甲酸二辛酯主增塑剂相比较,其相容性及增塑性稍差,增塑的塑料制品相对较硬,虽然石油酯的电性能及耐老化酯性也优于邻苯二甲酸二辛酯,也可作为主增塑剂使用,但一般常与邻苯二甲酸酯类增塑剂并用,用量大致为 10~30 份,其用量变化会对制品的拉伸强度、硬度、耐老化性能等产生不同的影响。

8. 石油酯是怎样制造的?

生产石油酯的原料油是天然石油截取 220~320℃ 馏分,经分子筛脱除芳烃和支链烃的重液体石蜡,是一种纯度较高的正构烷烃,其中还含有少量芳烃及烯烃,需用发烟硫酸处理除去。也可采用馏程为 220~320℃、平均含碳为 15 的水煤气合成油经加氢处理料作为生产原料。

原料油在光能或催化剂引发下,与 SO_2 和氯气反应生成烷基磺酰氯,反应式:

$$重液体石蜡(C_{12}—C_{18}) + SO_2 + Cl_2 \xrightarrow[36℃]{光照} RSO_2Cl$$

以上磺氯化反应系自由基反应,氯较易被激发成游离态,因而除以上主反应外,还能生成多种副反应物,如氯代烷烃、烷基双磺酰氯、氯代烷基磺酰氯及烷基多磺酰氯等。

所得烷基磺酰氯经与苯酚发生酯化反应,即制得石油酯(烷基磺酸苯酯),反应式:

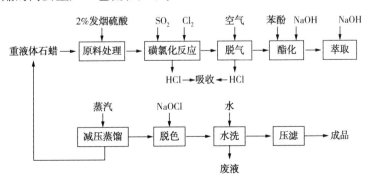

石油酯的简要生产过程为:重液体石蜡先用 2% 发烟硫酸于 20~40℃ 下处理,分去酸脚后,在紫外光照射下于 36℃ 左右和 SO_2 及氯气反应生成烷基磺酰氯。生成的 HCl 及未反应气体用水喷淋回收,经脱去溶解于油中的气体后,用过量苯酚在 NaOH 存在下进行酯化反应,反应温度为 45~55℃,酯化反应收率为 96%~98%,反应物经后处理精制过程即得到成品。石油酯的简要生产工艺流程如下:

9. 烷基磺酸苯酯有哪些性质及用途?

烷基磺酸苯酯又称 T-50 石油酯,十二—十八烷基磺酸酯,结构式:

$$R\!-\!\overset{\displaystyle O}{\underset{\displaystyle O}{S}}\!-\!O\!-\!\langle\text{苯环}\rangle \quad (R=C_{12}H_{25}\!-\!C_{18}H_{37})$$

外观为淡黄色油状透明液体。相对密度 1.03~1.05。熔点 -10℃。沸点 211~279℃ (1.33kPa)。闪点(开杯)200~220℃。折射率 1.4940~1.5000(20℃)。黏度 0.10~0.13Pa·s(20℃)。挥发度小于 0.2%(100℃、6h)。不溶于水,溶于醚、酮、芳烃等多数有机溶剂。可燃。低毒,可用于食品包装材料。

本品与聚氯乙烯、纤维素树脂、氯乙烯共聚物等多种聚合物相容,而与聚氯乙烯的相容性更好。可用作这些聚合物的增塑剂,主要用于聚氯乙烯制品,增塑效率高,凝胶能力强,挥发度低,耐皂化、耐水、耐溶剂抽出,常与邻苯二甲酸二辛酯并用,以改善制品加工性及延长产品使用期。用于制工业及日用薄膜、食品包装膜、一次性使用袋、游泳池衬膜、防护塑料板材、鞋底、人造革及电缆料等。本品因与异氰酸酯不起反应,也可用于冲洗聚氨酯的生产加工设备。此外,本品可替代高频焊接时增塑聚氯乙烯中的邻苯二甲酸二辛酯,以缩短加工时间和达到较高的焊接强度。

10. 对甲苯磺酸邻甲酚酯有哪些性质及用途?

对甲苯磺酸邻甲酚酯又称邻甲酚对甲苯磺酸酯。化学式 $C_{14}H_{14}SO_3$。结构式:

$$H_3C\!-\!\langle\text{苯环}\rangle\!-\!\overset{\displaystyle O}{\underset{\displaystyle O}{S}}\!-\!O\!-\!\langle\text{苯环}(CH_3)\rangle$$

外观为白色结晶。相对密度 1.207(15℃)。熔点 51℃。折射率 1.558(25℃)。闪点(开杯) 182℃。几乎不溶于水。加热熔融时呈无色液体,对热稳定,耐水解。

本品与乙烯基树脂、聚苯乙烯、纤维素树脂及酚醛树脂等聚合物有较好的相容性,可用作这些聚合物的增塑剂。如本品在硝酸纤维素中可溶解到 50 份,在乙酸纤维素中可溶入 30 份。所制得的纤维素膜光泽度好,硬度高,耐水抽出。

十三、硬脂酸及其酯类增塑剂

1. 硬脂酸有哪些性质及用途？

硬脂酸又称十八酸、十八碳酸、十八烷酸。化学式 $C_{18}H_{36}O_2$。结构式 $CH_3(CH_2)_{16}COOH$。外观为白色或微黄色稍有光泽的硬质固体颗粒或粉末，微有油脂气味，相对密度 0.9408(20℃)。熔点 68~71℃。沸点 383℃。折射率 1.4299(80℃)。闪点 196℃。90~100℃时会挥发。极微溶于水，易溶于苯、甲苯、氯仿、四氯化碳、二硫化碳及乙酸乙酯等，也溶于乙醇、丙酮等。无毒。

商品硬脂酸是一种混合脂肪酸，为硬脂酸与棕榈酸的混合物，并含有少量油酸。可由棉籽油、棕榈油等氢化制得的硬化油或牛脂、羊脂在分解剂(油酸、苯、萘等混合物经磺化制得)存在下水解后，再经蒸馏、压榨(或不经压榨)、酸洗、脱色后制得。

硬脂酸是有机酸，具有羧酸的化学通性，其用途很广。在化妆品工业中是制造一般乳化制品不可缺少的原料；橡胶工业中用作天然胶、合成胶及胶乳的硫化活性剂及软化剂。也用于表面活性剂、润滑剂、脱模剂、抛光膏、医药缓解剂、防水剂、化纤油剂等。在塑料工业中用作耐寒增塑剂、稳定剂及柔软剂。但主要用于制造硬脂酸酯及硬脂酸盐，如硬脂酸甘油酯、硬脂酸丁酯、硬脂酸戊酯、硬脂酸甲氧基乙酯等可用作一些聚合物的耐寒增塑剂。

2. 硬脂酸丁酯有哪些性质及用途？

硬脂酸丁酯又称十八烷酸丁酯、硬脂酸正丁酯。化学式 $C_{22}H_{44}O_2$。结构式 $C_{17}H_{35}COOC_4H_9$。外观为无色浅黄色油状液体或结晶，微具脂肪味。相对密度 0.855~0.862 (25℃)。熔点 27.5℃。闪点(开杯)188℃。沸点 343℃。折射率 1.4418(25℃)。挥发度 0.26%(100℃、5h)。水解度 0.16%(沸水、1h)。难溶于水(25℃、溶解 0.01%)，微溶于乙二醇、甘油、甲醇及某些胺类，溶于丙酮、甲苯、苯、氯仿、矿物油、植物油及蜡等。可由硬脂酸与丁醇在硫酸催化下经直接酯化反应制得。无毒。

硬脂酸丁酯与乙基纤维素、硝酸纤维素等聚合物的相容性见表 13-1，本品可用作乙基纤维素、硝酸纤维素、乙酸丁酸纤维素等的耐寒增塑剂。用其生产的纤维素漆，漆膜柔软，光泽好，而且耐水、耐寒、耐划痕。也可用于压延纤维制品、合成橡胶、特种涂料、人造革等制品。硬脂酸丁酯与聚氯乙烯不相容，增塑效率较差，须与邻苯二甲酸二丁酯或其他溶剂型增塑剂并用。但可作为润滑剂，用于聚氯乙烯的挤塑、注塑和压延制品，也可用作聚氯乙烯透明制品和树脂加工的内润滑剂，还可用作皮革上光剂、深层消泡剂、脱模剂等。

表 13-1　硬酯酸丁酯与聚合物的相容性

聚合物	聚合物：增塑剂		
	1：1	4：1	9：1
聚氯乙烯	不相容	不相容	不相容
聚苯乙烯	不相容	不相容	相容
聚乙酸乙烯酯	不相容	不相容	不相容
聚乙烯醇缩丁醛	不相容	不相容	不相容
乙基纤维素	相容	相容	相容
硝酸纤维素	不相容	相容	相容
乙酸丁酸纤维素	不相容	相容	相容
丙酸纤维素	不相容	不相容	相容
丙烯酸酯树脂	不相容	不相容	不相容
酚醛树脂	不能形成薄膜	相容但薄膜发黏	相容
乙酸纤维素	不相容	不相容	不相容
氯化橡胶	相容但薄膜发黏	相容	相容

3. 硬脂酸丁氧基乙酯有哪些性质及用途？

硬脂酸丁氧基乙酯又称十八烷酸丁氧基乙酯。化学式 $C_{24}H_{48}O_3$。结构式：

$$C_{17}H_{35}\overset{\text{O}}{\underset{\|}{C}}\ —OCH_2CH_2OC_4H_9$$

外观为水白色至淡黄色油状液体，微有油脂气味。相对密度 0.882（20℃）。熔点 15～17℃。沸点 365℃（101.3Pa）。闪点（开杯）210℃。燃点 243℃。折射率 1.4460（25℃）。黏度 13.3mPa·s（20℃）。挥发度 0.034%（105℃、4h）。微溶于水、甘油、乙二醇及某些胺类。溶于乙醇、丙酮、乙酸乙酯、芳烃及脂肪烃等有机溶剂。可由乙二醇单丁醚与硬脂酸经酯化反应制得。

本品与聚合物的相容性见表 13-2，从中看出，本品与聚氯乙烯相容性不是太好，而与纤维素树脂的相容性好。可用作硝酸纤维素、乙基纤维素、乙酸丁酸纤维素等的主增塑剂。还可作为辅助增塑剂与其他增塑剂并用，用于聚氯乙烯可改善制品透明性，提高润滑性、低温柔性和耐水性。也是氯丁橡胶的优良增塑剂，可赋予制品良好的回弹性和低温柔性，还可用作皮革及纺织品的润滑剂，珀珞树脂和达玛树脂的溶剂。但本品耐霉菌性稍差，用于增塑制品时应适量加入防霉菌剂。

表 13-2　硬脂酸丁氧基乙酯与聚合物的相容性

聚合物	聚合物：增塑剂		
	1：1	4：1	9：1
聚氯乙烯	不相容	不相容	相容
硝酸纤维素	相容	相容	相容
乙基纤维素	相容	相容	相容
乙酸丁酸纤维素	相容	相容	相容

聚合物	聚合物：增塑剂		
	1 : 1	4 : 1	9 : 1
丙酸纤维素	不相容	不相容	相容
聚苯乙烯	不相容	不相容	相容
酚醛树脂	不能形成薄膜	相容，但薄膜发黏	相容
聚乙烯醇缩丁醛	不相容	不相容	相容
聚乙酸丁烯酯	不相容	不相容	不相容
丙烯酸酯树脂	不相容	不相容	不相容
乙酸纤维素	不相容	不相容	不相容
氯化橡胶	不相容	相容	相容

4. 硬脂酸单甘油酯有哪些性质及用途？

硬脂酸单甘酯又称单硬脂酸甘油酯、单甘酯、十八酸甘油酯。化学式 $C_{21}H_{42}O_4$。结构式：

$$CH_2COOC_{17}H_{35}$$
$$|$$
$$CHOH$$
$$|$$
$$CH_2OH$$

外观为白色粉末状、片状或块状固体。非精制品为微黄色蜡状固体。相对密度 0.970（25℃）。熔点 56~58℃。酸值不大于 5.0mg KOH/g。不溶于水，10%水中分散液的 pH 值为 6.8~8.0。溶于热乙醇、异丙醇、丙酮、苯等有机溶剂，也溶于矿物油及植物油。具有良好的乳化性能。无毒。

本品可用作硝酸纤维素的增塑剂、醇酸树脂的改性剂、合成石蜡的配合剂、聚氯乙烯内润滑剂、薄膜加工用防雾滴剂、胶乳分散剂、热塑性树脂抗静电剂及乳化剂等。

5. 硬脂酸戊酯有哪些性质及用途？

硬脂酸戊酯又称十八酸戊酯。化学式 $C_{23}H_{46}O_2$。结构式 $CH_3(CH_2)_{16}COOC_5H_{11}$。外观为浅黄色油状液体。相对密度 0.855~0.865（20℃）。熔点 14~16℃。沸点 220~225℃（101.3kPa）。折射率 1.4440（20℃）。闪点（开杯）187℃。黏度 3.25mPa·s（60℃）。不溶于水，溶于乙醇、乙醚、苯、丙酮、石脑油、蓖麻油及亚麻籽油。

本品与硝酸纤维素、聚苯乙烯、乙基纤维素、酚醛树脂、氯化橡胶及松香酸酯胶等相容，而与乙酸纤维素、乙烯基树脂、丙烯酸树脂及虫胶等部分相容。通常与溶剂型增塑剂并用，用作一些聚合物的辅助增塑剂。如硝酸纤维素中加入本品5%，生成的漆膜柔软、光泽度好，且耐水抽出。也可用作模塑塑料制品的润滑剂。

6. 硬脂酸甲氧基乙酯有哪些性质及用途？

硬脂酸甲氧基乙酯又称十八烷酸甲氧基乙酯。化学式 $C_{21}H_{42}O_3$。结构式 $C_{17}H_{35}COOCH_2CH_2OCH_3$。外观为水白色油状液体，有轻微油脂味。相对密度 0.874~0.880

(25℃)。熔点19.5~23.5℃。沸点225℃(266.6Pa)。闪点(开杯)192℃。燃点214℃。折射率1.4430(25℃)。黏度9mPa·s(25℃)。挥发度0.25%(105℃、4h)。不溶于水、甘油,溶于乙醇、丙酮、甲醇、乙酸乙酯、芳烃、脂肪烃、矿物油及植物油。

本品与聚氯乙烯、聚苯乙烯、乙基纤维素-聚乙烯醇缩丁醛及氯化橡胶等相容;与乙酸丁酸纤维素、聚乙酸乙烯酯、氯乙烯-乙酸乙烯酯共聚物及醇酸树脂等部分相容;与丙烯酸树脂、乙酸丙酸纤维素不相容。可用作聚苯乙烯、乙基纤维素、聚氯乙烯及合成橡胶等的增塑剂,制品耐热性及耐水性好。本品还可用作颜料和色素的研磨助剂。

7. 乙酰氧基硬脂酸丁酯有哪些性质及用途?

乙酰氧基硬脂酸丁酯化学式 $C_{24}H_{46}O_4$。结构式:

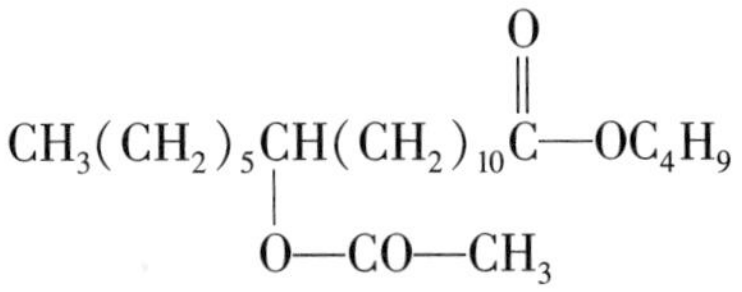

$$CH_3(CH_2)_5\underset{\underset{O-CO-CH_3}{|}}{CH}(CH_2)_{10}\overset{\overset{O}{\|}}{C}-OC_4H_9$$

外观为油状液体。相对密度0.918~0.922(25℃)。熔点-7℃。闪点(开杯)207℃。折射率1.4480(25℃)。不溶于水,溶于丙酮、芳烃、氯代烃、矿物油及植物油等。

本品可用作聚氯乙烯、氯乙烯共聚物、硝酸纤维素、乙基纤维素等聚合物的增塑剂,制品耐氧化性好,耐迁移。用于增塑糊时,可保持糊料的低黏度。

8. 硬脂酸甲基环己酯有哪些性质及用途?

硬脂酸甲基环己酯化学式 $C_{25}H_{48}O_3$。结构式:

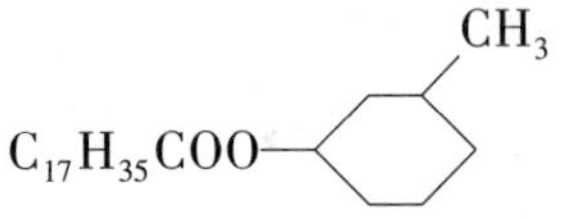

$$C_{17}H_{35}COO-\text{环己基-}CH_3$$

外观为浅黄色油状液体,稍有气味。相对密度0.890(15℃)。沸点220~224℃(433.2Pa)。闪点170℃。黏度17.24mPa·s(25℃)。不溶于水,溶于醇、醚、酮、芳烃等多数有机溶剂。可由硬脂酸与甲基环己醇在催化剂存在下经酯化反应制得,工业品是由硬脂酸邻甲环己酯、硬脂酸间甲基环己酯及硬脂酸对甲基环己酯三种异构体的混合酯。

本品与硝酸纤维素、乙酸纤维素或纤维素醚不相容,但与其他溶剂型增塑剂并用时,可提高这些纤维素制品的耐水性和漆膜光泽度。本品也可用作氯化橡胶的增塑剂、天然橡胶和硫化橡胶的溶胀剂、苯酚甲醛树脂和虫胶模塑料的模塑润滑剂、达玛树脂及库马隆树脂等的溶剂等。

十四、油酸及其酯类增塑剂

1. 油酸有哪些性质及用途?

油酸又称顺式-9-十八烯酸、十八烯酸、红油。化学式 $C_{18}H_{34}O_2$。结构式:

$$CH_3(CH_2)_7CH = CH(CH_2)_7COOH$$

本品为含有一个双键的不饱和脂肪酸。纯品为无色透明油状液体。暴露在空气中颜色即逐渐变深而呈黄色或红色,并逐渐变深变暗,有像猪油的气味。相对密度0.8905。熔点13.4℃。沸点286℃($1.3×10^4$Pa)。闪点372℃。折射率1.4582(20℃)。黏度25.6mPa·s(30℃)。不溶于水,溶于苯、氯仿,与甲醇、乙醇、四氯化碳、乙醚及其他挥发油或不挥发油混溶。常压下加热至80~100℃时分解。

油酸以甘油酯的状态存在于一般油脂中,如猪油中约含51.5%,牛油中46.5%,花生油中60.0%,大豆油中35.5%,茶油中83%,棉籽油中33%等。因此,按原料来源不同,可分为动物油酸、植物油酸、棉油酸、豆油酸、茶油酸及混合油酸等。

以油酸为起始原料可以制取许多油酸酯类增塑剂,如油酸丁酯、油酸甘油酯、油酸丁氧基乙酯、油酸四氢呋喃甲酯、环氧油酸丁酯、环氧油酸辛酯等。

油酸经氧化可生产壬二酸,进而生产多种壬二酸酯类增塑剂。精制油酸用作塑料、工程塑料及聚酰胺的原料。还可用作金属浮选剂、脱模剂、润滑剂、纤维后处理剂及工业溶剂等。

2. 油酸丁酯与聚合物的相容性如何?

油酸丁酯又称顺式-9-十八烯酸丁酯、红油酸丁酯。化学式:

$C_{22}H_{42}O_2$。结构式 $CH_3(CH_2)_7CH = CH(CH_2)_7\underset{\overset{\|}{O}}{C}OC_4H_9$

外观为淡黄色油状透明液体(低于12℃时呈不透明状态),微有脂肪气味。相对密度0.8704。熔点-26.4℃。沸点227~228℃(2kPa)。闪点(开杯)193℃。燃点224℃。折射率1.4480(25℃)。黏度8.2mPa·s(20℃)。挥发度0.75%(105℃、4h),不溶于水,与乙醇、乙醚、苯、矿物油及植物油等混溶,可由油酸与丁醇在硫酸催化下经酯化反应制得。低毒,可用于食品包装材料。

油酸丁酯与聚合物的相容性见表14-1。可以看出,本品与纤维素树脂、聚苯乙烯等聚合物有较好相容性,可用作这些聚合物的耐寒性辅助增塑剂,具有黏度低、热稳定性和耐水性好的特点,其挥发性介于邻苯二甲酸二辛酯和邻苯二甲酸二丁酯之间,其用量占增塑剂总量的 15%~20%时可达到最好增塑效果。但在低温下加工时，如用量超过30%时，则会有出汗现象。本品也与橡胶相容，可用作橡胶低温增塑剂，用于涂料制品时应掺用溶剂或溶剂型增塑剂。油酸丁酯也常用作塑膜润滑剂、防水剂及润滑油添加剂等。

表 14-1　油酸丁酯与聚合物的相容性

聚合物	聚合物：树脂		
	1：1	4：1	9：1
聚氯乙烯	不相容	不相容	不相容
乙基纤维素	相容	相容	相容
硝酸纤维素	不相容	相容	相容
乙酸丁酸纤维素	不相容	相容	相容
聚苯乙烯	不相容	相容	相容
聚乙烯醇缩丁醛	不相容	不相容	不相容
聚乙酸乙烯酯	不相容	不相容	不相容
乙酸纤维素	不相容	不相容	不相容
丙酸纤维素	不相容	不相容	相容
丙烯酸树脂	不相容	不相容	相容
酚醛树脂	不形成薄膜	相容，但薄膜发黏	相容
氯化橡胶	不相容	相容	相容

3. 油酸甲氧基乙酯与聚合物的相容性如何？

油酸甲氧基乙酯又称乙二醇单甲醚油酸酯。化学式 $C_{21}H_{40}O_3$。结构式：

$$C_{17}H_{33}\underset{\underset{O}{\|}}{C}\!-\!OCH_2CH_2OCH_3$$

外观为黄色油状液体，微有油脂味。相对密度 0.902（20℃）。熔点 -20℃（部分结晶）。沸点 360℃（101.3kPa）。闪点（开杯）197℃。燃点 228℃。折射率 1.453（25℃）。黏度9.4mPa·s（20℃）。挥发度 0.34mg/cm^2（105℃、4h）。不溶于水，微溶于甘油、乙二醇及某些胺类，溶于甲醇、乙醇、乙酸乙酯、苯、汽油、烃类及矿物油、植物油。低毒，不能用于与食品接触的制品。

本品与聚合物的相容性见表 14-2。可以看出，本品与纤维素树脂有较好的相容性。可用作乙基纤维素、聚乙烯醇缩丁醛等聚合物的主增塑剂，用量一般为 20%~33%。能赋予制品低温柔性、耐水性。也可用作乙烯基树脂的辅助增塑剂，多与邻苯二甲酸酯或磷酸酯类增塑剂并用。但本品耐霉菌性差，在用于生产薄膜、人造革、电线电缆等制品时，在配方中应同时加入某种杀菌剂，以防止霉菌造成制品变硬、发黏、渗出、变色等不良现象。

表 14-2　油酸甲氧基乙酯与聚合物的相容性

聚合物	聚合物：增塑剂		
	1：1	4：1	9：1
聚氯乙烯	不相容	不相容	相容
乙基纤维素	相容	相容	相容
硝酸纤维素	相容	相容	相容
乙酸丁酸纤维素	相容	相容	相容
丙酸纤维素	相容	相容	相容
聚乙烯醇缩丁醛	不相容	相容	相容
聚乙酸乙烯酯	不相容	不相容	不相容
聚苯乙烯	不相容	不相容	相容
乙酸纤维素	不相容	不相容	不相容
丙烯酸酯树脂	不相容	不相容	相容
酚醛树脂	不形成薄膜	相容，但薄膜发黏	相容
氯化橡胶	相容，但薄膜发黏	相容	相容

4. 油酸丁氧基乙酯有哪些性质及用途？

油酸丁氧基乙酯又称乙二醇单丁醚油酸酯。化学式 $C_{24}H_{46}O_3$。结构式：

$$C_{17}H_{33}\overset{\displaystyle C}{\underset{\displaystyle O}{\|}}—OCH_2CH_2OC_4H_9$$

外观为浅黄色油状液体。相对密度 0.881～0.889（25℃）。熔点 -19℃。沸点低于 125℃（399.9Pa）。燃点 225℃。闪点（开杯）202℃。折射率 1.454（25℃）。黏度 10mPa·s（25℃）。挥发度 0.03%（105℃、4h）。不溶于水，溶于异丙醇、丙酮、乙酸乙酯、烃类及矿物油、植物油。本品与聚合物的相容性见表 14-3。可以看出，油酸丁氧基乙酯与纤维素树脂有较好的相容性。可用作硝酸纤维素、乙基纤维素、乙酸丁酸纤维素等的耐寒性增塑剂，制品的低温柔性和耐水性好，一般常与其他增塑剂并用。也可用作氯化橡胶的增塑剂。

表 14-3　油酸丁氧基乙酯与聚合物的相容性

聚合物	聚合物：增塑剂		
	1：1	4：1	9：1
聚氯乙烯	不相容	不相容	相容
乙基纤维素	相容	相容	相容
乙酸丁酸纤维素	相容	相容	相容
丙酸纤维素	不相容	相容	相容
聚乙烯醇缩丁醛	不相容	不相容	相容
聚苯乙烯	不相容	不相容	相容

续表

聚合物	聚合物∶增塑剂		
	1∶1	4∶1	9∶1
乙酸纤维素	不相容	不相容	不相容
聚乙酸乙烯酯	不相容	不相容	不相容
丙烯酸树脂	不相容	不相容	不相容
硝酸纤维素	不相容	相容	相容
酚醛树脂	不形成薄膜	相容，但薄膜发黏	相容
氯化橡胶	不相容	相容	相容

5. 油酸四氢呋喃甲酯有哪些性质及用途？

油酸四氢呋喃甲酯又称油酸四氢糠酯。简称 THFO。化学式 $C_{23}H_{42}O_3$。结构式：

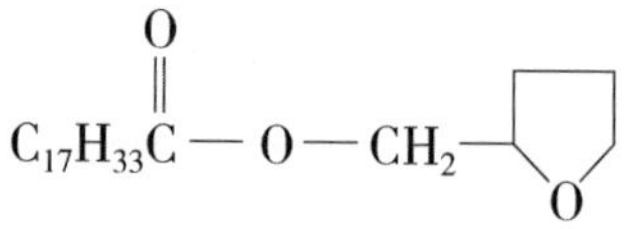

$$\underset{\underset{}{}}{C_{17}H_{33}C} \overset{O}{\overset{\|}{-}} O - CH_2 \square$$

外观为黄色油状液体，微具脂肪味。相对密度 0.928(20℃)。熔点−28℃。沸点240℃(666.5Pa)。燃点228℃。折射率1.4612(25℃)。黏度15.1mPa·s(25℃)。不溶于水，与甲醇、乙醇、丙酮、乙酸乙酯、烃类、矿物油及植物油等混溶。

本品与聚氯乙烯、氯乙烯-乙酸乙烯酯共聚物、聚苯乙烯、聚乙酸乙烯酯、聚甲基丙烯酸甲酯、乙基纤维素、硝酸纤维素、乙酸丁酸纤维素等聚合物相容，与乙酸纤维素部分相容。可用作这类聚合物的耐寒性增塑剂，可赋予制品良好的低温柔性，而且塑化性能好，可提高树脂的捏合和塑化速度，改善挤塑和压延加工性能。用作聚氯乙烯辅助增塑剂时，其用量一般为增塑剂总量的25%~50%。用于增塑糊时，糊料的初始黏度低。此外，本品也可用作天然橡胶和合成橡胶的低温增塑剂。但本品用作聚合物的增塑剂时，如配方中存在铅稳定剂或类似的金属化合物时，会使本品的稳定性变差。

本品可由四氢糠醇与油酸在硫酸催化下经酯化反应制得。

6. 单油酸甘油酯有哪些性质及用途？

单油酸甘油酯又称甘油单油酸酯，简称 GMO。化学式 $C_{21}H_{40}O_4$。结构式：

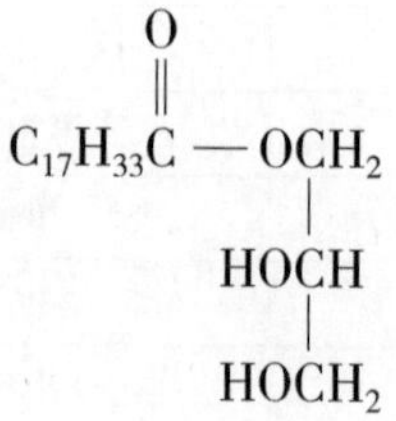

$$C_{17}H_{33}C \overset{O}{\overset{\|}{-}} OCH_2$$
$$|$$
$$HOCH$$
$$|$$
$$HOCH_2$$

外观为浅黄色至黄色油状液体。相对密度 0.950(25℃)。熔点−6~−5℃。黏度

204mPa·s(25℃)。酸值6~8mg KOH/g。皂化值165~175mg KOH/g。碘值65~75g I$_2$/100g。不溶于水，5%水分散液的pH值为8.3~8.5。溶于丙酮、苯、氯代烃、矿物油及植物油等。低毒，可用于食品包装材料。

本品主要用作天然橡胶、合成橡胶(丁基橡胶除外)及胶乳的增塑剂、软化剂，对橡胶的硫化无影响。也可用作胶乳分散剂。本品与乙烯基树脂、纤维素树脂等只能部分相容，只能用作这些聚合物的辅助增塑剂。

本品可由甘油与油酸在硫酸催化下经酯化反应制得。

7. 单油酸二甘醇酯有哪些性质及用途？

单油酸二甘醇酯又称单油酸二乙二醇酯。化学式C$_{22}$H$_{44}$O$_4$。结构式：

$$C_{17}H_{33}\overset{\overset{O}{\|}}{C}—OCH_2CH_2OCH_2CH_2OH$$

外观为淡红色油状液体。相对密度0.938(25℃)。熔点低于-10℃。闪点(开杯)193℃。黏度37.5mPa·s(25℃)。不溶于水，溶于醇、醚、酮、芳烃、矿物油及植物油。低毒，可用作食品包装材料的黏合剂。

本品主要用作天然橡胶、合成橡胶(丁基橡胶除外)及胶乳的增塑剂、软化剂，可改善胶料的加工性能。用于胶乳时，兼有乳化剂和稳定剂的功能。也可用作硝酸纤维素及乙基纤维素等的辅助增塑剂、润滑油添加剂。

8. 油酸甲酯有哪些性质及用途？

油酸甲酯又称顺式-9-十八烯酸甲酯。化学式C$_{19}$H$_{36}$O$_2$。结构式：

$$C_{17}H_{33}\overset{\overset{O}{\|}}{C}—OCH_3$$

外观为浅黄色透明液体。相对密度0.8739(20℃)。熔点-19.9℃。沸点218.5℃。折射率1.4522(20℃)。闪点(开杯)177℃。酸值不大于2.5mg KOH/g。碘值95~110g I$_2$/100g。不溶于水，与乙醇、乙醚、氯仿、芳烃、丙酮等混溶。可燃。无毒，可用于食品包装材料。可由油酸与甲酯在对甲苯磺酸催化剂作用下经酯化反应制得。

本品可用作硝酸纤维素、乙基纤维素、聚苯乙烯的增塑剂，也可用作丁腈橡胶、丁苯橡胶等的增塑剂和软化剂，对硫化无影响。油酸甲酯与聚氯乙烯及氯乙烯共聚物等树脂的相容性不好。本品还可用作皮革加脂剂、润滑剂、乳化剂及用于制造表面活性剂。

9. 油酸正丙酯有哪些性质及用途？

油酸正丙酯又称油酸丙酯、顺式-9-十八烯酸丙酯。化学式C$_{21}$H$_{40}$O$_2$。结构式：

$$C_{17}H_{33}\overset{\overset{O}{\|}}{C}—OC_3H_7$$

外观为浅黄色油状液体。相对密度 0.869(25℃)。熔点-20℃。沸点 180~190℃(267Pa)。闪点(开杯)166℃。折射率 1.4494(25℃)。不溶于水,与乙醇、乙醚、丙酮、矿物油及植物油等混溶。

　　本品与聚氯乙烯、丙烯酸树脂等相容性小,而与硝酸纤维素、乙基纤维素、聚苯乙烯有较好相容性,可用作这些聚合物的辅助增塑剂。本品也可用作树脂韧化剂、润滑剂及抗水剂等,可由油酸与正丙醇在硫酸催化下经酯化反应制得。

十五、蓖麻油酸酯类增塑剂

1. 蓖麻油酸酯类增塑剂有哪些特点?

蓖麻油酸又称蓖麻醇酸、蓖麻籽酸。蓖麻油酸酯是蓖麻油(主要成分为蓖麻油酸三甘油酯)中的羧基位置经醇化、羟基位置被酯化或被乙酰氧基取代所生成的化合物。常见的有蓖麻油酸甲酯、蓖麻油酸丁酯、乙酰蓖麻油酸甲酯、乙酰蓖麻油酸丁酯、单蓖麻油酸甘油酯、乙酰蓖麻油酸甲氧乙酯等。

蓖麻油酸酯可用作聚氯乙烯、纤维素树脂、弹性体等多种聚合物的增塑剂,这类增塑剂有以下特点:

(1) 柔软性和柔韧作用好。与邻苯二甲酸酯、磷酸酯增塑剂比较,蓖麻油酸酯类增塑剂用于聚氯乙烯、硝酸纤维素等聚合物时可产生很好的手感和触摸感。

(2) 低温性能好。是一类耐寒性增塑剂,用其增塑的塑料及橡胶制品,其低温性能比用癸二酸酯和己二酸酯增塑剂要好。

(3) 电性能好。这类增塑剂的介电损耗角正切值低,体积电阻率和介电常数高。

(4) 有良好的润滑作用。加有本品的增塑制品,在模塑加工过程中有防粘作用;对配方中的颜料和填料有润湿、分散及润滑作用;对乙烯基树脂的压延和挤出、对弹性体的加工也都有润滑作用。

(5) 蓖麻油酸酯对树脂的溶解作用较差,一般只能用作辅助增塑剂。但与其他主增塑剂并用时,则能制得稳定性很好的增塑糊和稀释增塑糊。

2. 蓖麻油酸甲酯有哪些性质及用途?

蓖麻油酸甲酯又称蓖麻醇酸甲酯。化学式 $C_{19}H_{36}O_3$。结构式:

$$CH_3(CH_2)_5CH(OH)CH_2CH = CH(CH_2)_7COOCH_3$$

外观为无色透明油状液体。相对密度 0.925。熔点 -29℃。沸点 170℃(133.3Pa)。闪点(开杯)196℃。折射率 1.4620(25℃)。黏度 0.03Pa·s。不溶于水,与醇、醚、酮、氯仿、芳烃等溶剂混溶。

本品与聚氯乙烯、氯乙烯-乙酸乙烯酯共聚物不相容,但可用作纤维素树脂、环氧树脂、酚醛树脂及合成橡胶等的辅助增塑剂,具有低温性能好、润滑作用大的特点,特别适用于酚醛模塑料。也可用作皮革加脂剂及用于生产表面活性剂。

本品可由蓖麻油与甲醇在氢氧化钠催化剂存在下经醇解反应制得。

3. 蓖麻油酸丁酯有哪些性质及用途？

蓖麻油酸丁酯又称蓖麻醇酸丁酯。化学式 $C_{22}H_{42}O_3$。结构式：

$$CH_3(CH_2)_5CH(OH)CH_2CH=CH(CH_2)_7COOC_4H_9$$

外观为无色油状液体。相对密度 0.918（25℃）。熔点 -10℃。沸点 185℃（133.3Pa）。闪点（开杯）207℃。折射率 1.4620（25℃）。黏度 0.03Pa·s（25℃）。

本品与聚氯乙烯和乙酸纤维素不相容。可用作聚乙烯醇缩丁醛、乙酸丁酸纤维素、硝酸纤维素、乙基纤维素、松香和歧化松香等的辅助增塑剂。可由蓖麻油与丁醇在催化剂存在下经醇解反应制得。

4. 乙酰蓖麻油酸甲酯有哪些性质及用途？

乙酰蓖麻油酸甲酯又称1,2-乙酰顺式-十八碳烯-9-酸甲酯，简称 MAR。化学式 $C_{21}H_{38}O_4$。结构式：

$$CH_3(CH_2)_5CHCH_2CH=CH(CH_2)_7CO-OCH_3$$
$$|$$
$$O-C-CH_3$$
$$\|$$
$$O$$

外观为淡黄色清亮液体。相对密度 0.938（25℃）。熔点 -40℃。沸点 190~220℃（666.6Pa）。闪点（开杯）196℃。折射率 1.4575（20℃）。黏度 0.2Pa·s（25℃）。不溶于水，溶于醇、醚、酮、酯、芳烃及脂肪烃溶剂。低毒，可用作食品包装材料的黏合剂。

本品可用作聚氯乙烯和纤维素涂料的耐寒性辅助增塑剂，具有增塑效率高、挥发性低的特点，可赋予制品优良的力学性能。用于增塑糊，可改善糊制品的耐老化性能。用于硝酸纤维素涂料，可制得抗冷裂的漆膜。也可用作合成橡胶的低温增塑剂和软化剂。

5. 乙酰蓖麻油酸丁酯有哪些性质及用途？

乙酰蓖麻油酸丁酯又称1,2-乙酰顺式-十八碳烯-9-酸丁酯。化学式 $C_{24}H_{44}O_4$。结构式：

$$CH_3(CH_2)_5CHCH_2CH=CH(CH_2)_7COOC_4H_9$$
$$|$$
$$O-C-CH_3$$
$$\|$$
$$O$$

外观为浅黄色清亮油状液体，微具气味。相对密度 0.928（25℃）。熔点低于 -30℃。沸点 220~235℃（399.9Pa）。闪点（开杯）210℃。折射率 1.455（20℃）。黏度 0.02Pa·s（25℃）。不溶于水，溶于醇、醚、酮、酯类、芳烃、脂肪烃、矿物油及植物油等。低毒，可用作食品包装制品的黏合剂。可由蓖麻油酸丁酯与乙酸酐在催化剂存在下经乙酰化反应制得。

本品为乙烯基树脂、纤维素树脂、天然橡胶和合成橡胶的耐寒性辅助增塑剂，具有挥发性小、耐水抽出性和耐老化性好的特点。尤适用于乙基纤维素和硝酸纤维素漆，可赋予漆膜优良的光泽性、低温柔韧性和抗龟裂性。与邻苯二甲酸酯并用，可制得低温性能好、挥发性低的制品。

6. 单蓖麻油酸甘油酯有哪些性质及用途？

单蓖麻油酸甘油酯的化学式为 $C_{21}H_{41}O_5$。结构式：

$$CH_3(CH_2)_5CH(OH)CH_2CH = CH(CH_2)_7COOCH_2$$
$$HO—CH$$
$$HO—CH_2$$

外观为浅黄色清亮液体，有轻微油脂味。相对密度 0.980（25℃）。熔点低于-50℃。闪点（开杯）265℃。折射率 1.4770（25℃）。黏度 8.8Pa·s（25℃）。不溶于水，溶于醇、醚、酮、酯类等有机溶剂。

本品主要用作合成橡胶的增塑剂，可赋予制品优良的柔软性、耐寒性和耐油性。本品用量为 5%~10% 时，其制品的柔软性比邻苯二甲酸二丁酯要好，并具有润滑剂和脱模剂的作用。也可用作乙基纤维素、硝酸纤维素、聚乙烯醇缩丁醛的增塑剂，乳胶的分散剂和乳化剂等。

7. 单蓖麻油酸二甘醇酯有哪些性质及用途？

单蓖麻油酸二甘醇酯又称单蓖麻油酸二乙二醇酯。化学式 $C_{22}H_{42}O_5$。结构式：

$$CH_3(CH_2)_5CH(OH)CH_2CH = CH(CH_2)_7 \overset{O}{\overset{\|}{C}} O(CH_2)_2O(CH_2)_2OH$$

外观为黄色至琥珀色液体。相对密度 0.965（25℃）。熔点低于-60℃。黏度 0.37Pa·s（25℃）。酸值 2mg KOH/g。皂化值 170mg KOH/g。碘值 81g I_2/100g。不溶于水，溶于醇、醚、酮、芳烃、矿物油。

本品与聚氯乙烯、氯乙烯共聚物等不相容。但可用作硝酸纤维素、乙基纤维素、天然橡胶及合成橡胶（丁基橡胶除外）等的增塑剂，乳胶的分散剂及稳定剂。

8. 单蓖麻油酸丙二醇酯有哪些性质及用途？

单蓖麻油酸丙二醇酯的化学式为 $C_{21}H_{40}O_4$。结构式：

$$CH_3(CH_2)_5 \underset{OH}{CH} CH_2CH = CH(CH_2)_7 \overset{O}{\overset{\|}{C}} OCH_2 \underset{OH}{CH} CH_3$$

外观为淡琥珀色油状液体。相对密度 0.960(25℃)。熔点低于−16℃。闪点(开杯)221℃。折射率 1.4695(25℃)。黏度 0.3Pa·s(25℃)。酸值 2mg KOH/g。碘值 77g I_2/100g。皂化值 159mg KOH/g。不溶于水，溶于醇、醚、酮、氯代烃、芳烃及矿物油。

本品与聚氯乙烯不相容，可用作硝酸纤维素、乙基纤维素等的增塑剂，也可用作润湿剂、燃料溶剂等。

9. 乙酰蓖麻油酸甲氧基乙酯有哪些性质及用途？

乙酰蓖麻油酸甲氧基乙酯的化学式为 $C_{23}H_{42}O_5$。结构式：

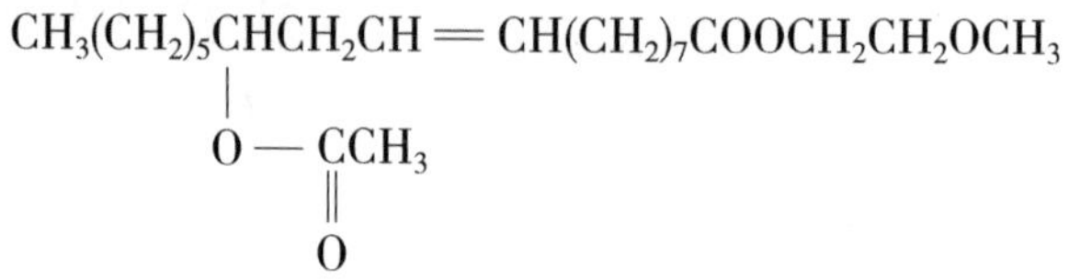

$$CH_3(CH_2)_5CHCH_2CH = CH(CH_2)_7COOCH_2CH_2OCH_3$$
$$|$$
$$O - CCH_3$$
$$\|$$
$$O$$

外观为淡黄色油状液体。相对密度 0.950(20℃)。熔点−60℃。沸点 195℃(0.133kPa)。燃点 257℃。闪点(开杯)230℃。折射率 1.458(25℃)。黏度 34mPa·s(20℃)。体积电阻率 3600MΩ·cm。不溶于水，溶于醇、醚、酮、芳烃、汽油、矿物油，微溶于甘油及乙二醇。

本品可用作乙烯基树脂的增塑剂和溶剂，尤适用于聚乙烯醇缩丁醛。制品在较宽温度范围内显示良好的柔韧性，用于硝酸纤维素、乙基纤维素漆时，可获得透明而柔韧的漆膜。本品最好与邻苯二甲酸酯类增塑剂并用，以使制品获得更理想的性能。

十六、反应性增塑剂

1. 反应性增塑剂有哪些类型?

通常使用的增塑剂,对树脂或聚合物只起溶胀作用,而不与树脂起化学反应,而且增塑剂可以被溶剂从树脂中抽出或自行迁移。但有些增塑剂因分子中含有可反应的活性基团,在加入树脂或聚合物中时,可与树脂以化学键结合到树脂分子上,或与聚合物分子相互交联形成团状结构,或本身在一定条件下自行聚合,并与树脂缠结在一起,最后形成一个统一的整体,从而使树脂或聚合物改性。这类增塑剂就是反应性增塑剂。因此,好的反应性增塑剂是一些具有可聚合官能团且多为多官能团的物质,它们在常温下不会聚合,在高于加工温度时快速聚合并形成交联体系,而且在熟化前后与聚合物及其他增塑剂有很好的相容性。

反应性增塑剂按所含官能团的多少可分为单官能团和多官能团两类;而按官能团的性质和所进行的聚合反应类型,可分为加聚类和缩聚类反应增塑剂,前者含不饱和键,如双炔类和双烯类化合物,后者如丙烯酸的多元醇酯、烯丙基酯等。而目前应用最多的反应性增塑剂主要类型有:(1)丙烯酸酯及甲基丙烯酸酯;(2)马来酸酯、富马酸酯、衣康酸酯;(3)烯丙基酯;(4)丙烯三甲酸酯;(5)氰尿酸三烯丙酯及异氰尿酸三烯丙酯;(6)不饱和聚酯;(7)单炔类、双炔类及双烯类反应性增塑剂等。

2. 丙烯酸酯有哪些性质及用途?

丙烯酸酯的化学式为 CH_2＝$CHCOOR$(R 为 H 或烷基),是丙烯酸及其同系物酯类的总称。丙烯酸酯的品种很多,较常用的有丙烯酸甲酯、丙烯酸乙酯、丙烯酸丁酯、丙烯酸(2-乙基己基)酯等。丙烯酸酯一般为无色、有强烈气味的液体。丙烯酸甲酯与水部分互溶,其余仅微溶于水,溶于多数有机溶剂。丙烯酸酯的工业制法主要是通过丙烯酸酯化而进行,酯化方法有直接酯化法和酯交换法两种,它们都是在催化剂存在下进行的。丙烯酸酯大多有一定的低毒性和刺激性。

丙烯酸酯类在分子结构中有乙烯基双键和羧基,因此化学性质活泼,在通常状态下极易聚合,且热、光及过氧化物的存在易加速聚合反应。因此,工业上大部分丙烯酸酯是用作高分子聚合物的单体,除能均聚外,还能与许多其他单体发生共聚反应。丙烯酸酯的聚合物具有热塑性能,并随烷基大小而变化,且烷基歧化对产物的性质也有一定影响。与其他单体共聚可以改善亲水性、软化点、拉伸强度等。

丙烯酸酯主要用来制备聚合物,并进而用来生产涂料、黏合剂、织物及非纺织物、纸张及其他用途的产品。

丙烯酸酯是最常用的反应性增塑剂，除丙烯酸甲酯、丙烯酸乙酯、丙烯酸丁酯、丙烯酸(2-乙基己基)酯外，丙烯酸羟乙酯、丙烯酸羟丙酯、丙烯酸异丁酯、丙烯酸十二烷基等也是常用的品种，如在聚氯乙烯中加入少量丙烯酸酯可提高其加工性能和冲击强度，薄膜加入丙烯酸甲酯可改善薄膜制品的性能；添加丙烯酸甲酯的橡胶具有良好的耐高温及耐油性能；丙烯酸乙酯的某些共聚物具有很好的柔软性，可以用来处理皮革和皮革制品；丙烯酸酯与氯乙烯、乙酸乙烯酯等制得的乳胶表面涂料，由于保色性能好，特别适用于室外或混凝土等粗糙表面的装饰；长碳链的丙烯酸酯可用于改进润滑油的黏度指数，使润滑油可在较宽的温度范围内工作，制得多品级润滑油；丙烯酸酯作为聚氯乙烯、其他树脂及橡胶等的内增塑剂，可广泛用于制造塑料、胶黏剂、涂料、纤维及橡胶等制品。

3. 甲基丙烯酸酯有哪些类型及用途？

甲基丙烯酸酯的结构式：

$$CH_2 = C—COOR \quad (R 为甲基、乙基、丙基、月桂基等烷基)$$
$$|$$
$$CH_3$$

合成甲基丙烯酸酯的方法一般有相应的醇与甲基丙烯酸的直接酯化法；相应的醇与甲基丙烯酸甲酯的酯交换法；甲基丙烯酸与环氧化合物反应；甲基丙烯酸的碱金属盐与环氧丙烷的偶合反应；甲基丙烯酸的氯化物进行醇解制取芳香族甲基丙烯酸酯等。因此，甲基丙烯酸酯类的产品很多，按照其性能不同，大致可分为以下三类：

(1) 甲基丙烯酸酯的非官能性单体。如甲基丙烯酸甲酯、甲基丙烯酸乙酯、甲基丙烯酸正丁酯、甲基丙烯酸异丁酯、甲基丙烯酸叔丁酯、甲基丙烯酸乙酯、甲基丙烯酸(2-乙基己基)酯、甲基丙烯酸月桂酯等。这类单体依据其酯基长度不同而性能各异，烷基上碳原子数越少，越能形成硬质的聚合物，如烷基碳原子数增加，脆化点会逐渐下降。当烷基碳原子在12左右时，脆化点最低，而超过12时脆化点再度升高，并具有柔软性、黏附性及反应性。它们主要用于胶黏剂、纤维处理剂及润滑油添加剂等。

(2) 甲基丙烯酸酯的官能性单体。这是具有羧基(—COOH)，羟基(—OH)，伯、仲、叔氨基(—RNH₂、—R₂NH、—R₃N)，环氧基($\overset{CH—CH_2}{\underset{O}{\diagup\diagdown}}$)，酰氨基(—CONH₂)等官能团的单体。如甲基丙烯酸-β-羟乙酯、甲基丙烯酸-β-羧乙酯、甲基丙烯酸缩水甘油酯、甲基丙烯酸烯丙酯甲基丙烯酸 N,N-二甲氨乙酯等。这类单体的官能团受热后发生交联，并赋予热固性，官能性单体因能提高制品耐弯曲性、黏结性及耐冲击性等特点，可广泛用于聚合物改性剂、热固性涂料、高分子絮凝剂、橡胶改性剂、纤维处理剂、反应型胶黏剂及离子交换树脂等。

(3) 甲基丙烯酸酯多元醇酯。它可由甲基丙烯酸与多元醇经酯化反应制得。如二甲基丙烯酸乙二醇酯、二甲基丙烯酸一缩二乙二醇酯、二甲基丙烯酸-1,3-丁二醇酯、二甲基丙烯酸环己二醇酯、二甲基丙烯酸聚乙二醇酯、二甲基丙烯酸双酚A酯、二甲基丙烯酸新戊二醇酯等。这类单体有的具有多官能度。可用作合成树脂及橡胶的改性剂、塑性溶胶涂料、感光树脂、光学材料、油墨及胶黏剂等。

甲基丙烯酸酯类用于增塑剂时，大多用作内增塑剂，即作为共聚物单体以改善制品的加工性能、耐化学品性能、电学性能、机械强度及增加塑性等，用于制备黏结剂、涂料、离子交换树脂、表面涂覆剂、纤维及薄膜处理剂、合成润滑油添加剂以及进行塑料、橡胶等的改性等。

4. 丙烯酸酯类单体使用时应注意什么？

（1）毒性。丙烯酸酯及甲基丙烯酸酯大多具有一定的毒性和刺激性，它们可经皮肤、黏膜及眼睛而引起中毒。在使用这类单体时应有良好的通风，操作时最好戴防毒面具。

（2）可燃性。丙烯酸酯及甲基丙烯酸酯类是可燃性物质，闪点较低，操作时除应有良好的通风外，应避开明火、火焰等危险因素。

（3）为了防止丙烯酸酯在运输及储存过程中聚合，需添加阻聚剂。单体作化学反应中间体使用时，没有必要除去阻聚剂，特别是在高温下进行反应时，有时还要追加高沸点阻聚剂（如对羟基二苯胺、2,5-二叔丁基对苯二酚等）；单体用于聚合时，即使不除去阻聚剂而有少量存在的话，经诱导期后，也可使其发生聚合。

（4）储存不含阻聚剂的单体时，必须特别注意，如甲酯应在5℃以下，乙酯应在10℃以下的暗处保存；不含阻聚剂的单体，有边发热、边进行自然聚合的危险，严重时会变成危险状态。储存时应注意相互间有足够的空间。

5. 顺丁烯二酸酯有哪些用途？

顺丁烯二酸酯又称马来酸酯、失水苹果酸酯。结构式：

$$\begin{array}{l} \text{CH——COOR} \\ \| \\ \text{CH——COOR} \end{array} \quad (\text{R 为甲基、乙基、烯丙基等})$$

这种酯类化合物主要有顺丁烯二酸二甲酯、顺丁烯二酸二乙酯、顺丁烯二酸二丁酯、顺丁烯二酸二戊酯、顺丁烯二酸二辛酯、顺丁烯二酸二烯丙酯等。

顺丁烯二酯在 α、β 位上具有双键，反应性能活泼，可以作为丙烯酸酯类化合物的取代物，但顺丁烯二酸酯极不易发生自聚，但可与氯乙烯、苯乙烯、丙烯酸酯、乙酸乙烯酯等单体进行共聚。如顺丁烯二酸甲酯、顺丁烯二酸乙酯、顺丁烯二酸二辛酯等可用作内增塑剂，与氯乙烯、丙烯酸酯、偏二氯乙烯、苯乙烯等多种单体进行共聚，作为共聚物单体以使树脂或聚合物改性，提高塑性，所得共聚体可用于胶黏剂、表面涂覆剂、润滑油添加剂、离子交换树脂、橡胶制品及增强塑料等。

6. 反丁烯二酸酯有哪些用途？

反丁烯二酸酯又称富马酸酯、延胡索酸酯。结构式：

$$\begin{array}{ccc} \text{ROOC} & & \text{H} \\ & \diagdown \quad \diagup & \\ & \text{C} = \text{C} & \quad (\text{R为甲基、乙基、烯丙基等}) \\ & \diagup \quad \diagdown & \\ \text{H} & & \text{COOR} \end{array}$$

这种酯类化合物主要有反丁烯二酸二甲酯、反丁烯二酸二乙酯、反丁烯二酸二丁酯、反丁烯二酸二辛酯、反丁烯二酸二异辛酯、反丁烯二酸二烯丙酯等。

与顺丁烯二酸酯一样，反丁烯二酸酯在 α、β 位上具有双键，反应性能活泼，可以作为丙烯酸酯类化合物的取代物。反丁烯二酸酯比顺丁烯二酸酯易于自聚，但多数情况下是以与其他单体共聚作为主要用途。因此，反丁烯二酸酯可作为内增塑剂，与氯乙烯、苯乙烯、丙烯酸酯、乙酸乙烯酯及丙烯、乙烯等单体进行共聚。作为共聚物单体以使树脂或聚合物改性，所得共聚物制品，可用作胶黏剂、涂料、纤维处理剂、润滑油添加剂及皮革涂饰剂等。

7. 亚甲基丁二酸酯有哪些用途？

亚甲基丁二酸酯又称衣康酸酯。结构式：

$$CH_2 = \overset{\displaystyle |}{\underset{\displaystyle CH_2COOR}{C}}\!-\!COOR \quad （R 为甲基、乙基、丁基等）$$

这类酯类化合物主要有亚甲基丁二酸乙酯、亚甲基丁二酸二甲酯、亚甲基丁二酸单丁酯、亚甲基丁二酸二丁酯、亚甲基丁二酸辛酯等。它们反应性能活泼，比相应的顺丁烯二酸酯等反丁烯二酸酯更具自聚性，但在没有催化剂存在时则不易发生自聚。过氧化物、氧化还原催化剂或受紫外线照射时，都会使亚甲基丁二酸酯类发生自聚，但这类化合物不会发生热自聚。

亚甲基丁二酸二烷基酯的聚合物的性质随烷基链长不同而有较大区别，烷基链短的聚合物透明，但性硬而脆；烷基链长的聚合物则为黏稠状液体，玻璃化温度较低。液体亚甲基丁二酸酯聚合物可用作聚氯乙烯的增塑剂，但大多数情况下，亚甲基丁二酸酯都是与丙烯酸酯、苯乙烯、氯乙烯、丙烯腈及乙酸乙烯酯等单体进行共聚，作为共聚物单体可以使树脂及聚合物进行改性。亚甲基丁二酸酯不仅可用作内增塑剂，也可用作交联剂。其制品可用作成膜材料、胶黏剂、涂覆材料、纤维处理剂及润滑油添加剂等。

8. 乌头酸酯能用作增塑剂吗？

乌头酸酯又称 1-丙烯-1,2,3-羧酸酯。结构式：

$$CH_2=\overset{\displaystyle COOR_1}{\underset{\displaystyle COOR_3}{C}}\!-\!\overset{\displaystyle |}{\underset{\displaystyle |}{C}}\!-\!COOR_2 \quad （R_1、R_2、R_3 等为烷基）$$

这类酯类化合物主要有乌头酸丙酯、乌头酸丁酯、乌头酸正戊酯、乌头酸异戊酯、乌头酸己酯、乌头酸(2-乙基己基)酯等。

乌头酸酯类化合物也可用作乙烯基树脂及一些共聚物的内增塑剂，它们与乙烯基树脂的相容性可达到树脂的 35%，用其增塑的乙烯基树脂的质材可以是乳白色或不透明色。除乌头酸丙酯、乌头酸戊酯及乌头酸的混合酯外，其他酯类增塑的制品，在拉伸强度、伸长率和模量都与使用邻苯二甲酸二辛酯相近，而且它们的脆化温度有的还超过邻苯二甲酸二辛酯，耐久性和耐褪色性也比邻苯二甲酸二辛酯好。其中，乌头酸直链醇酯的增塑效率比侧链醇酯要好。

9. 邻苯二甲酸二烯丙酯有哪些性质及用途？

烯丙基酯可由多元酸与丙烯醇反应制得，常用的多元酸有邻苯二甲酸、间苯二甲酸、顺丁烯二酸、氰尿酸及磷酸等。其中，最常用的品种是由丙烯醇与邻苯二甲酸酐经酯化反应制得的邻苯二甲酸二烯丙酯。

邻苯二甲酸二烯丙酯简称 DAP。化学式为 $C_{14}H_{14}O_4$。结构式：

$$\underset{}{\bigcirc} \begin{array}{l} -COOCH_2CH = CH_2 \\ -COOCH_2CH = CH_2 \end{array}$$

外观为无色或淡黄色油状液体。相对密度 1.120。熔点 – 70℃。沸点 158 ~ 165℃ (0.53kPa)。闪点(开杯)165.5℃。黏度 13mPa·s(20℃)。折射率 1.5190(20℃)。不溶于水，溶于乙醇、乙醚、丙酮、苯等有机溶剂，部分溶于矿物油、甘油及乙二醇等。低毒。有催泪性，对皮肤及黏膜有刺激作用。

邻苯二甲酸二烯丙酯分子结构中含有双键，很易在自由基引发剂存在下聚合成高度交联的聚合物。可作为反应性增塑剂，用作乙烯基树脂、纤维素酯及聚氯乙烯等可聚合的增塑剂，也用作多种单体和不饱和化合物的共聚单体、聚酯树脂的催化剂、不饱和聚酯的交联剂、纤维素树脂的增强剂，以及用于制造邻苯二甲酸二烯丙酯树脂和用作颜料载体等。

由于本品迁移性较大，热挥发损失及水抽出性都比邻苯二甲酸二辛酯稍高，直接用作聚氯乙烯的增塑剂时效果并不好，通常的用法是将单体先进行部分聚合制成粉状预聚体，再作为反应性增塑剂使用。该预聚体在一般温度下不会发生聚合，需在一定高温下才能聚合。

10. 不饱和聚酯能用作反应性增塑剂吗？

不饱和聚酯是在主链中含有不饱和双键的一类聚酯，在一定条件下可以用活性单体使之交联固化，属热固性树脂。

不饱和聚酯一般是用二醇或多元醇(如乙二醇、丙二醇、丙三醇等)与不饱和二元酸或酐(如顺丁烯二酸酐、反丁烯二酸酐等)加热缩合制备的。有时为了控制反应、改进性能，加入一些饱和二元酸(如邻苯二甲酸酐、间苯二甲酸等)进行共聚。

一般不饱和聚酯的通式为：

$$H \!\!+\!\! O - R_1 - O - \overset{O}{\overset{\|}{C}} - R_2 - \overset{O}{\overset{\|}{C}} \!\!+\!\!_x O - R_1 - O - \overset{O}{\overset{\|}{C}} - R_3 - \overset{O}{\overset{\|}{C}} \!\!+\!\!_y OH$$

式中　R_1——丙二醇、乙二醇等二元醇；

　　　R_2——顺丁烯二酸酐或反丁烯二酸等二元酸；

　　　R_3——苯二甲酸酐、己二酸等饱和二元酸。

因此，不饱和聚酯分子在固化前是长链形的分子，其分子量一般为 1000~3000。这种长链形的分子可以和不饱和的单体交联而形成具有复杂结构的庞大的网状分子。这种树脂一般是近无色的透明液体，黏度为 $0.3 \sim 2 \mathrm{Pa \cdot s}$。加入苯乙烯等活性单体作为交联剂，再加入引发剂和促进剂就可在高温或室温下进行交联反应。

不饱和聚酯作为反应性增塑剂，其作用是将加工的树脂或聚合物改性，提高制品的力学性能、电性能和耐化学药品性。它可以部分代替邻苯二甲酸二辛酯用于聚氯乙烯制品，也可用于制造聚氯乙烯增塑糊；还可作为其他树脂的共聚单体，用于胶黏剂、涂覆材料等制品。

十七、其他合成酯增塑剂

1. 棕榈酸异丙酯有哪些性质及用途？

棕榈酸异丙酯又称十六烷酸异丙酯。化学式 $C_{19}H_{38}O_2$。结构式：

$$C_{15}H_{31}\underset{\underset{O}{\|}}{C}-OCH(CH_3)_2$$

外观为无色透明油状液体，几乎无味。相对密度 0.830（25℃）。熔点低于 6℃。沸点 212℃（0.266kPa）。闪点（开杯）180℃。燃点 257℃。折射率 1.425（25℃）。黏度 7~8Pa·s。不溶于水及甘油，溶于乙醇、丙酮、氯仿、乙酸乙酯、矿物油、椰子油、蓖麻油等。不易水解及酸败，对皮肤无刺激性。由棕榈酸和异丙醇在硫酸催化剂作用下经酯化反应制得。

本品可用作硝酸纤维素及乙基纤维素等的增塑剂，在香精中可用作增溶剂，在护肤及护发产品中用作油剂，在防晒油中起稳泡作用。

2. 棕榈酸异辛酯有哪些性质及用途？

棕榈酸异辛酯又称十六酸异辛酯。化学式 $C_{24}H_{48}O_2$。结构式：

$$C_{15}H_{31}\underset{\underset{O}{\|}}{C}-OC_8H_{17}$$

外观为无色透明液体。相对密度 0.858（25℃）。熔点 6~9℃。沸点 218℃（0.666kPa）。闪点（开杯）213℃。燃点 235℃。折射率 1.4486（23℃）。黏度 14mPa·s（23℃）。不溶于水，溶于醇、醚、酮、芳烃、矿物油、植物油等。对皮肤无刺激作用。可由棕榈酸与异辛醇在催化剂作用下经醇化反应制得。

本品可用作乙基纤维素、硝酸纤维素及聚苯乙烯等的增塑剂。它与聚氯乙烯的相容性差，但可作为辅助增塑剂替代 10% 的主增塑剂，起着内润滑作用，制品的热稳定性好，而且不易粘连。本品用于增塑糊时，可以减少糊的初始黏度，提高贮存时的黏度稳定性。此外，本品还具有不易变色、酸败，也不易被不饱和脂肪酸酸化的特点，可用作化妆品油剂及增溶剂。

3. 十四酸正丁酯有哪些性质及用途？

十四酸正丁酯又称肉豆蔻酸正丁酯。化学式 $C_{18}H_{36}O_2$。结构式：

$$C_{13}H_{27}C\!\!-\!\!OC_4H_9$$
$$\|$$
$$O$$

外观为油状液体。相对密度 0.861(25℃)。熔点 3℃。闪点(开杯)180℃。折射率 1.4394 (25℃)。不溶于水,与醇、醚、丙酮、苯混溶。无毒,对皮肤无刺激性。可由十四酸与正丁醇在硫酸催化下经酯化反应制得。本品与聚氯乙烯相容性差,但可用作硝酸纤维素、乙基纤维素、乙酸丁酸纤维素及聚苯乙烯等的增塑剂,也可用于制造表面活性剂。

4. 十四酸异丙酯有哪些性质及用途?

十四酸异丙酯又称肉豆蔻酸异丙酯。化学式 $C_{17}H_{34}O_2$。结构式:

$$C_{13}H_{27}\ \ C\!\!-\!\!OCH(CH_3)_2$$
$$\|$$
$$O$$

外观为油状液体。相对密度 0.849(25℃)。熔点 -3℃。闪点(开杯)152℃。折射率 1.432 (25℃)。黏度 4.8mPa·s(25℃)。不溶于水,溶于醇、醚、酮、芳烃等有机溶剂。无毒。可由十四酸与异丙醇在催化剂存在下经酯化反应制得。

本品与聚氯乙烯相容性差,但可用作乙酸丁酸纤维素、硝酸纤维素及乙基纤维素等的增塑剂。

5. 酒石酸二丁酯有哪些性质及用途?

酒石酸二丁酯的化学式为 $C_{12}H_{22}O_6$。结构式:

$$HO\!\!-\!\!CHCOOC_4H_9$$
$$|$$
$$HO\!\!-\!\!CHCOOC_4H_9$$

纯品为无色晶体。多数为无色或淡黄色液体。相对密度 1.090(25℃)。熔点 21℃。沸点 312℃(101.3kPa)。闪点(开杯)132℃。折射率 1.4463(20℃)。黏度 10.59mPa·s(18℃)。25℃时在水中溶解 1%,能与醇、醚、苯、氯仿等有机溶剂混溶,能溶解氯化橡胶、松香、虫胶、液状石蜡、硝化纤维素及聚氯代乙酸乙烯酯等。可燃,较不稳定。有水存在时常温即发生水解,游离出酒石酸。

本品可用作硝化纤维素、乙酸纤维素的增塑剂及溶剂。特别是在硝化纤维素中与磷酸三甲苯酯并用,或在乙酸纤维素中与苄醇混合使用,可获得耐水性稳定的涂膜。

6. 酒石酸二戊酯有哪些性质及用途?

酒石酸二戊酯的化学式为 $C_{14}H_{26}O_6$。结构式:

$$HO\!\!-\!\!CHCOOC_5H_{11}$$
$$|$$
$$HO\!\!-\!\!CHCOOC_5H_{11}$$

外观为黏稠状液体,低温时易凝固。相对密度 1.04(20℃)。沸点约 400℃。闪点低于 93℃。折射率 1.45(20℃)。常温下在水中溶解 1%,能与醇、醚、酮、芳烃等混溶,能溶解松香、酯胶、虫胶、苯酚甲醛树脂,与苯和乙酸甲酯混合可溶解乙基纤维素。

本品是乙酸纤维素、苯二甲酸酯的优良增塑剂，可使这两种树脂形成稳定的漆膜，在乙酸纤维素中可加到100％。也可用作乙烯基树脂和氯化橡胶的增塑剂，以及用于制造硝酸纤维素漆。

7. 乳酸丁酯有哪些性质及用途？

乳酸丁酯的化学式为 $C_7H_{14}O_3$。结构式：

$$CH_3CH(OH)COOC_4H_9$$

外观为无色液体，有微弱的酯气味。相对密度 0.9837（20℃）。熔点 -43℃。沸点 185℃（101.3kPa）。闪点（开杯）71℃。燃点 382℃。折射率 1.4217（20℃）。黏度 3.58mPa·s（20℃）。难溶于水，也不易水解。能与烃类、油脂混溶，对极性小的树脂有良好的溶解能力，能溶解硝化纤维素、乙酸纤维素、天然树脂及合成树脂等。可燃。可由乳酸(2-羟基丙酸)与正丁醇在硫酸催化下经酯化反应制得。低毒。

本品可用作硝酸纤维素树脂的增塑剂，制造纤维素漆、印刷油墨及植绒漆等；也可用作天然及合成树脂等的溶剂，制造黏结剂、干洗液等。

8. 乳酸戊酯有哪些性质及用途？

乳酸戊酯的化学式为 $C_8H_{16}O_3$，结构式：

$$CH_3CH(OH)COOC_5H_{11}$$

外观为无色或淡黄液体，有白兰地酒的气味。相对密度 0.952（20℃）。沸点 112℃（5.33kPa）。闪点（开杯）79℃。折射率 1.4254（25℃）。不溶于水，也难发生水解。能与醇、酮、酯、烃类溶剂混溶，也能溶解硝化纤维素、虫胶、香豆酮树脂、甘油三松香酸酯、珀珇树脂等。

本品可用作各种纤维素树脂的增塑剂，与邻苯二甲酸二辛酯、磷酸三甲酚酯等并用时，可进一步提高制品的性能，尤其对提高低温性能更有效。

9. 苯甲酸蔗糖酯有哪些性质及用途？

苯甲酸蔗糖酯是由苯甲酸与蔗糖酯化所得的产物。化学式 $C_{61}H_{49}O_{17}$。结构式：

$$C_{12}H_{14}O_3(C_{61}H_5COO)_7$$

外观为无色晶体。相对密度 1.25（25℃）。熔点 98℃。闪点（开杯）260℃。折射率 1.5770（25℃）。溶解度：水中低于 0.01%（67℃），乙醇中 2.3%（25℃），甲醇中 4.7%（25℃），庚烷中 0.02%（67℃）。在 25℃下可与邻苯二甲酸二辛酯、邻苯二甲酸二丁酯及磷酸三甲苯酯等以任何比例混溶。

本品可用作聚氯乙烯、聚乙烯共聚物、聚苯乙烯、纤维素树脂及聚甲基丙烯酸甲酯等聚合物的增塑剂，耐热性好，适用于高温熔融成型加工。常与邻苯二甲酸酯类增塑剂并用，以提高制品的耐热性。

10. 苯甲酸苄酯有哪些性质及用途？

苯甲酸苄酯的化学式为 $C_{14}H_{12}O_2$。结构式：

$$\text{—COOCH}_2\text{—}$$

外观为无色黏稠状液体，冷却时呈针状或鳞状结晶。相对密度 1.114(18℃)。熔点 21℃。沸点 324℃(101.3kPa)。闪点(开杯)148℃。折射率 1.5681(21℃)。黏度 8.45mPa·s(20℃)。不溶于水，溶于乙醇、乙醚、氯仿、烃类及矿物油、植物油。能溶解虫胶、香豆酮树脂、甘油醇酸树脂、甘油三松香酸酯等，加热时也能溶解珂珈树脂，对纤维素酯不溶解。本品可用作某些纤维素树脂的增塑剂，特别是硝酸纤维素中混有珂珈树脂时，可与邻苯二甲酸二丁酯(或二乙酯)等并用。在赛璐珞中可用作樟脑的代用品。

11. 松香酸甲酯有哪些性质及用途？

松香酸甲酯的化学式为 $C_{21}H_{32}O_2$。结构式：

$$C_{19}H_{29}\overset{O}{\overset{\|}{C}}\text{—OCH}_3$$

外观为浅琥珀色黏稠液体，微具气味。相对密度 1.033(25℃)。熔点低于-40℃。沸点 310℃。闪点(开杯)180℃。燃点 218℃。折射率 1.530(20℃)。黏度 2700mPa·s(25℃)、酸值不大于 4mg KOH/g。皂化值 20~25mg KOH/g。不溶于水，与丙酮、苯、氯代烃、脂肪烃、矿物油等多数溶剂混溶。

本品可用作乙烯基塑料、纤维素塑料、天然橡胶和合成橡胶的增塑剂、软化剂和增黏剂，具有耐热性好、挥发性低的特点，对颜料有良好的分散性和润湿性。特别适用于涂料，制造可剥性透明防护膜。本品用于丁基橡胶、丁苯橡胶及氯丁橡胶时，可提高胶料的自黏性，改善颜料分散性及加工性。

12. 松香酸乙酯有哪些性质及用途？

松香酸乙酯的化学式为 $C_{22}H_{34}O_2$。结构式：

$$C_{19}H_{29}\overset{O}{\overset{\|}{C}}\text{—OC}_2H_5$$

外观为浅黄褐色的黏稠液体，有微弱的树脂味。相对密度 1.0233(20℃)。熔点-45℃。沸点 204~207℃(0.53kPa)。闪点(开杯)178℃。燃点 216℃。折射率 1.5250(20℃)。碘值 182g I_2/100g。不溶于水，溶于醇、醚、酮、芳烃等多种有机溶剂，也能溶解多种天然树脂及合成树脂，可提高树脂的塑性。

本品可用作纤维素树脂的增塑剂，主要用于制造纤维素涂料，也可用于人造革的制造。

13. 氢化松香酸甲酯有哪些性质及用途？

氢化松香酸甲酯是松香酸甲酯的氢化衍生物，性能与松香酸甲酯相似。外观为无色至浅琥珀色黏稠液体，微带气味。相对密度 1.026(25℃)。熔点低于-40℃。沸点 365~

370℃。闪点（开杯）182℃。燃点 215~220℃。折射率 1.52（20℃）。黏度 4125mPa·s（25℃）。不溶于水，与醇、醚、酮、芳烃等多数溶剂混溶，也溶于矿物油、植物油。

本品可用作乙烯基树脂、纤维素树脂、天然橡胶和合成橡胶的增塑剂、软化剂、增黏剂等，可以改善制品的耐水性、耐碱性及黏结性。

14. 妥尔油酸甲酯有哪些性质及用途？

妥尔油又称木质浮油，是由树脂酸、脂肪酸及一些不皂化物组成的混合物。其中，树脂酸占 40%~60%，脂肪酸占 30%~60%，不皂化物占 5%~10%。妥尔油酸甲酯是一种低黏度、浅色的中性酯，约含 47%脂肪酸甲酯和 8%的不皂化物。相对密度 0.96（20℃）。凝固点 95℃。闪点（开杯）196℃。折射率 1.495（20℃）。黏度 23mPa·s（38℃）。皂化值 162mg KOH/g。不溶于水、乙二醇，溶于醚、酮、芳烃、矿物油等。

本品与聚氯乙烯、氯乙烯共聚物、聚乙烯醇缩丁醛、乙基纤维素、尿素三聚氰胺甲醛树脂、酚醛树脂及醇酸树脂等相容，与聚乙酸乙烯酯、硝酸纤维素、乙酸纤维素等不相容。本品在聚氯乙烯中能替代 25%的主增塑剂，其增塑效果与全部用主增塑剂相同，但由于本品在增塑薄膜中会渗出，故在聚氯乙烯或氯乙烯共聚物中不能用作主增塑剂，但可作为辅助增塑剂用于聚氯乙烯及其他多种聚合物中。

15. 硅酸乙酯有哪些性质及用途？

硅酸乙酯又称四乙氧基硅烷、原硅酸四乙酯。化学式 $C_8H_{20}O_4Si$。结构式：

$$C_2H_5O-\overset{\displaystyle OC_2H_5}{\underset{\displaystyle OC_2H_5}{Si}}-OC_2H_5$$

外观为无色微黏稠性液体，易燃。相对密度 0.933（20℃）。熔点 110℃（升华）。沸点 160℃。折射率 1.3928（20℃）。闪点 52℃（分解）。黏度 0.6mPa·s（20℃）。不溶于水，微溶于乙醇，能溶于亚麻油等植物油。在水中不稳定，会缓慢水解成硅酸和乙醇，硅酸又会逐渐脱水形成二氧化硅。

本品能溶解松香、酯胶、部分溶解贝壳树脂、达玛树脂，可用作这些树脂的增塑剂，少量的硅酸乙酯在聚乙酸乙烯酯、硝酸纤维素漆和黏合剂中会水解成硅脂，显著增大与玻璃的黏合力。本品与大多数合成橡胶不相容，工业上也用于制造耐热涂料及精密铸造黏合剂。

16. 硼酸三戊酯有哪些性质及用途？

硼酸三戊酯又称硼酸戊酯。化学式 $C_{15}H_{33}O_3B$。结构式：

$$CH_3(CH_2)_3CH_2O-\overset{\displaystyle OCH_2(CH_2)_3CH_3}{B}-OCH_2(CH_2)_3CH_3$$

外观为无色液体，易吸湿。相对密度 0.8577（20℃）。沸点 274.5~275.1℃。折射率

1.4204（20℃）。黏度 2.88mPa·s（28℃）。在水或稀酸中会快速水解。溶于苯及二噁烷。易与醇结合生成络合物。能燃。

本品与硝酸纤维素相容，是一种高沸点溶剂型增塑剂，能增强纤维素膜对金属的黏结能力，并提高硝酸纤维素的阻燃性。也可用作乳香、松香酸苄酯、氧茚树脂、蓖麻油等的溶剂及杀菌剂。

17. 草酸二丁酯有哪些性质及用途？

草酸二丁酯又称乙二酸二丁酯。化学式 $C_{10}H_{18}O_4$。结构式：

$$\begin{array}{c} COOC_4H_9 \\ | \\ COOC_4H_9 \end{array}$$

外观为无色液体，有微弱芳香气味。相对密度 0.9873（20℃）。熔点 -29.6℃。沸点 245.5℃（101.3kPa）。闪点（开杯）119℃。折射率 0.9873（20℃）。黏度 3.40mPa·s（20℃）。不溶于水，与醇、醚、酮、芳烃等有机溶剂混溶。能溶解松香、香豆酮树脂、甘油醇酸树脂、甘油三松香酸酯。本品与硝酸纤维素相容，与乙酸纤维素、珀珀树脂不相容。

本品可用作硝酸纤维素的增塑剂，用于制造涂料漆，也用作溶剂。

18. 草酸甲基环己酯有哪些性质及用途？

草酸甲基环己酯又称乙二酸甲基环己酯。化学式 $C_{16}H_{30}O_4$。结构式：

$$\begin{array}{c} COO-\bigcirc (CH_3)_2 \\ | \\ COO-\bigcirc (CH_3)_2 \end{array}$$

外观为浅黄色油状液体。商品常为邻、间、对三种异构体的混合物。相对密度 1.030（15℃）。沸点 190~200℃（133.3Pa）。闪点 147.2℃。不溶于水，溶于醇、醚、酮等多数有机溶剂，能溶胀粗橡胶和硫化橡胶，能溶解氧茚树脂及多数天然树脂。对光稳定。

本品是硝酸纤维素的增塑剂及优良溶剂，在高级皮革制品中用作耐久性涂料漆；用于快干漆增塑时，可以避免制品发脆、发黏。也用作油墨的溶剂，对颜料有较好的润湿性。

19. 乙酸异丁酸蔗糖酯有哪些性质及用途？

乙酸异丁酸蔗糖酯是乙酸异丁酸与蔗糖酯经酯化所形成的产物，结构较为复杂。外观为无色黏稠性液体。相对密度 1.146（25℃）。闪点（开杯）260℃。折射率 1.4540（25℃）。不溶于水，溶于醚、酮、醇、酯及芳烃等有机溶剂。

本品与三乙酸纤维素、聚乙酸乙烯酯、乙酸纤维素、酚醛树脂、乙基纤维素、硝酸纤维素、丙烯酸树脂、聚 α-甲基苯乙烯、聚苯乙烯及氯化橡胶等多种聚合物有很好的相容性酯。可用作纤维素树脂、丙烯酸树脂、合成橡胶及许多聚合物的增塑剂，一般常与邻苯二甲酸类增塑剂并用，可赋予制品较好的物化性能。

20. 什么是浅色松香酯？有什么用途？

浅色松香酯是松香酸、海松酸与甲醇、乙二醇、二聚乙二醇、甘油或季戊四醇等在催化剂作用下经酯化反应所得到的产物，其主要成分为松香甲酯、氢化松香甲酯、松香乙二醇酯、氢化松香乙二醇酯、松香甘油酯、松香季戊四醇酯等。软化点不低于85℃。酸值不大于 10mg KOH/g。不溶于水，部分溶解于乙醇，可溶于丙酮、苯、乙酸乙酯等有机溶剂，有良好的成膜性。

本品可用作天然橡胶及合成橡胶的增塑剂和软化剂。也用作乙酸纤维素、硝酸纤维素等的增塑剂。漆膜光泽性好，并有良好的抗水性及抗氧化性。也用于制造油墨、胶黏剂及用作切削油等的乳化剂。

十八、橡胶加工用增塑剂

增塑剂品种繁多，但大部分是以石油炼制、石油化工生产所得到的羧酸、酸酐、醇、酚等有机化合物为主要原料，经各种化学合成方法所制得的酯类化合物。它们主要用作聚氯乙烯、纤维素树脂及其他聚合物的加工助剂，用于生产各种塑料制品、电线电缆、薄膜、合成革、涂料及胶黏剂等，其中少量也用于橡胶加工。而下面所解释的增塑剂品种，主要是以天然物质(如石油、煤焦油、植物油脂)等为原料经初级加工所得到的产品。它们几乎全部用于橡胶加工，而用于塑料加工只是极少部分。按其来源不同，可分为石油系、煤焦油系、植物油系、松油系增塑剂等类别。

(一) 石油系增塑剂

1. 石油系增塑剂主要有哪些品种？它们在橡胶加工中起到什么作用？

石油系增塑剂是石油加工过程(特别是一次加工过程)中所得到的产品，主要有石蜡油、芳烃油、环烷油、重油、柴油、机械油、沥青及石油树脂等产品。这些物质在橡胶配方与加工工艺中起到软化剂的作用，能增大橡胶分子链间的距离，减少分子间的相互作用力，产生润滑作用，使橡胶分子链之间易滑动，降低橡胶的玻璃化温度，提高胶料的可塑性。而它们对胶料性能和橡胶成品使用性能的影响，则取决于它们的组成和性质。

石油系增塑剂也是橡胶工业中应用最广的增塑剂品种之一，具有增塑效果好、来源丰富、价格低等特点，可用于大多数橡胶品种。

2. 链烷烃油有哪些性质及用途？

链烷烃油又称链烷油、石蜡油。化学式可表示为 $C_{22}H_{46}$—$C_{36}H_{74}$。主要为正构烷烃和少量异构烷烃、环烷烃及芳烃。可由石蜡基原油经减压蒸馏出的产物再经脱蜡、精制而得。纯品为白色，含杂质时为半透明或浅棕色油状液体。冷却时无臭无味，加热时有轻微石油味。相对密度 0.8591～0.8954。闪点大于 200℃。凝固点 -35～-15℃。苯胺点 63～130℃。黏度 345～355s(赛波特通用黏度计，37.5℃)。不溶于水，在醇及酮中溶解度很低，易溶于苯、乙醚、三氯甲烷、四氯化碳、二硫化碳、矿物油及多数植物油。化学性质稳定，常温下不受酸类、碱类侵蚀，高温下易发生分解。

本品可用作天然橡胶、合成橡胶的软化剂及增塑剂，用于乙丙橡胶和丁基橡胶时效果更好。由于与通用橡胶相容性稍差，其用量不大于 15 份。与乙丙橡胶相容性好，用量可远大于 15 份。链烷烃油用于橡胶加工，具有耐寒性好、污染性小、对胶料的力学性能影响小的特点，不仅可用于浅色橡胶制品加工，而且对胶料的弹性及生、熟没有不良影响。本品也可用作聚氯乙烯、聚苯乙烯等的内部润滑剂，适用于挤塑成型和注塑成型，但因相容性差，其用量一般为 0.5 份左右，用量过多会产生离析结垢现象。

3. 芳烃油有哪些性质及用途？

芳烃油又称芳香烃油、芳烃增塑剂。可由石油炼制所得重质油馏分，以特定溶剂提取精制，除去溶剂后进一步减压蒸馏所得不同黏度的芳烃油，按馏程分为多个牌号。外观为深色黏稠液体。主要是苯、萘、菲类化合物。一般芳烃含量为 70%~80%，饱和烃含量为 20%~35%，沥青烯含量小于 0.5%，极性物质含量小于 25%。相对密度 0.9529~1.0188。闪点 170~220℃。苯胺点约 36℃。折射率不低于 1.5400。赛氏黏度 160~238s（38℃）。凝固点大于 5℃。不溶于水，溶于酮、醚、氯代烃、矿物油等。有良好的热稳定性，溶解性强，毒性小。

本品可用作天然橡胶和各种合成橡胶的软化剂、增塑剂、填充油、操作油。用作填充油时，用量可达 30 份以上。芳烃油与橡胶相容性好，不易喷出制品表面，加工性能优于链烷烃油和环烷烃油，在胶料中用量也高于链烷烃油和环烷烃油。芳烃油可改进橡胶的柔软性，提高橡胶配料中微量组分和填料的分散混合性能，增加橡胶中其他组分的溶解性。可用于高度耐磨的橡胶及与地面接触的轮胎中，也可用于轮胎减振器的橡胶部分、发动机座、工具手柄和温水膨胀的密封剂配料中。但本品有一定污染性，宜用于深色橡胶制品，而且与链烷烃油和环烷烃油相比，使用芳烃油的胶料，在某些物理机械性能上会受到一定影响。

芳烃油除用于橡胶加工外，也用作塑料增塑剂、溶剂、浮选剂及木材防腐剂等。

4. 环烷烃油有哪些性质及用途？

环烷烃油又称环烷油。它是采用低硫环烷基原油炼制后的重质油馏分，经减压蒸馏，用糠醛白土精制，再添加抗氧剂后制得的各种环烷烃油。外观为浅棕色油状液体。相对密度 0.8858~0.9200。凝固点小于 18℃。折射率 1.486~1.505（20℃）。苯胺点 92~105℃。酸值小于 0.15mg KOH/g。闪点（开杯）大于 190℃。芳烃碳原子数一般为 16%~49%。黏度 100~544s（赛波特通用黏度计，38℃）。

本品可用作顺丁橡胶、丁基橡胶、三元乙丙橡胶、氯丁橡胶、异戊橡胶、硅橡胶、丁苯橡胶等的增塑剂或软化剂，苯乙烯-丁二烯-苯乙烯嵌段共聚物（SBS）的填充油。具有非污染性，对光、热稳定，有良好的加工操作性能。作为橡胶软化剂，其性能介于链烷烃油和芳烃油之间，其污染性比芳烃油小。本品也可用于乙烯基共聚物的配方中，可改善乙烯基制品低温时的耐迁移性、光稳定性和耐挥发性。

5. 工业凡士林有哪些性质及用途？

工业凡士林是以原油经减压蒸馏所得高黏度润滑油馏分为原料，经脱蜡所得蜡膏掺含矿物油再经白土精制而得。外观为淡褐色至深褐色均为无块软膏，具有一定的拉丝性。滴点不低于 54℃。酸值不大于 0.1mg KOH/g。闪点（开杯）大于 190℃。灰分不大于 0.07%。

本品可用作橡胶软化剂和增塑剂，使胶料具有良好的压出性能，并提高橡胶与金属的黏结力，污染性小，还具有物理防老剂的作用。但使用过量会对胶料的硬度和拉伸强度产生影响，有时还会喷出表面。工业凡士林也常用于金属零件及机器的防锈，用作机械的减摩润滑脂等。

6. 用作橡胶增塑剂的机械油有哪些牌号？

机械油简称机油，品种很多。是由天然石油的润滑油馏分经脱蜡后，再经白土脱色精制所得的棕褐色油状液体。相对密度 0.91~0.93。用作橡胶增塑剂或软化剂的机械油，主要有 N-15、N-22、N-32、N-46、N-68 等牌号。其主要技术指标是：闪点（开杯）不低于 165℃，机械杂质低于 0.07%。运动黏度为 $(13.5~74.8)×10^{-6} m^2/s（40℃）$。

机械油用作橡胶的润滑型软化剂，工艺性能良好、污染性小，适用于天然橡胶及通用合成橡胶，尤适用于顺丁橡胶。通常用量不大于 15 份，用量过多会喷出表面，从而降低黏附力。

7. 变压器油主要用于哪些橡胶制品？

变压器油是原油蒸馏所得的轻质润滑油馏分，经酸碱精制或溶剂精制、白土精制、加入抗氧剂调制而成的浅黄色油品。产品按凝点分为 DB-10、DB-25 和 DB-45 三个牌号。橡胶工业要求的主要技术指标为：闪点（开杯）不低于 135℃。运动黏度不大于 $9.6×10^{-6} m^2/s（50℃）$。

变压器油有氧化安定性，无污染性，凝固点低，有较好的耐寒性及电绝缘性。作为橡胶增塑剂，主要用于绝缘橡胶制品，其他性能与机械油相似。

8. 石油树脂能用作橡胶增塑剂吗？

石油树脂是以石油裂解所得副产品碳五到碳九组分为原料，经预处理，以硫酸、无水氯化铝、氯化硼等为催化剂，经加热聚合而制得的热塑性树脂，颜色为浅黄色到暗褐色。按原料性质及聚合条件不同，又可分为碳五石油树脂、碳九石油树脂、加氢石油树脂等产品。

石油树脂由于分子中不含极性基团，因而耐水性、耐光性、耐候性均优良，电绝缘性好，溶于多数有机溶剂，酸值低，对酸碱有化学稳定性，而且与天然树脂、合成树脂及增塑剂等相容性好，因而广泛用于制作热熔胶、交通涂料、油墨、通用涂料及黏结胶带等。

石油树脂也是近期开发的一种橡胶增塑剂。一般是软化点低的石油树脂用作橡胶增强剂，软化点高的树脂用作橡胶增强剂。浅色石油树脂适用于彩色橡胶，深色树脂适用于黑色橡胶制品。如用于丁苯橡胶中，可改善胶料的加工性能，提高胶料的可塑性和混合性，使填充剂易于分散。石油树脂还可用于聚氯乙烯、纤维素树脂、酚醛树脂等的改性。

9. 芳烃油用作橡胶增塑剂存在什么问题？

芳烃油价格较低，同时与橡胶的相容性优于其他操作油，且能起到改善混炼、压延、压出、硫化及流动性等加工性能，在橡胶加工中被大量使用。但其中所含的多环芳烃已被证实具有致癌、致突变及生殖毒害作用，因而引起广泛关注。从长远来看，芳烃油退出市场是必然趋势，因而需要有毒性小或无毒的芳烃油来替代。

（二）煤焦油系增塑剂

1. 煤焦油有哪些性质及用途？

煤焦油是煤在炼焦炉中高温热分解逸出的"荒煤气"，于硫铵工段用循环氨水将其冷凝，气体进初冷器，大部分焦油则被冷凝，冷凝液进入氨水澄清槽后，经油水分离得到煤焦油。为具有强烈刺激性气味的黑色黏稠液体。分为高温煤焦油、中温煤焦油及低温煤焦油等。

高温煤焦油相对密度为 1.15~1.25，主要成分为芳烃；低温煤焦油相对密度为 0.85~1.05，主要成分为环烷烃和烷烃；中温煤焦油相对密度介于两者之间，主要成分为芳烃和酚类，不溶于水，溶于苯、乙醚、丙酮、乙醇、氯仿、二硫化碳等。可燃、有毒及腐蚀性。

煤焦油含有酚基及活性氮化物，与橡胶相容性好，可改善胶料的加工性能。煤焦油主要用作再生胶的脱硫增塑剂，也可作为黑色低级橡胶制品的增塑剂，在胶料中溶解硫黄，因而能阻止硫黄喷出。也有一定的防老化作用，提高橡胶防老化性能。其缺点是对橡胶硫化有影响，且脆性温度高，会延迟硫化和提高胶料脆化温度。煤焦油也用于制造酚油、萘油、洗油、蒽油、防腐油、燃料及炭黑等产品。

2. 固体古马隆用作橡胶增塑剂有什么特点？

固体古马隆又称香豆酮-茚树脂、苯并呋喃-茚树脂、古马隆树脂。是由煤焦油分离所得的酚油馏分或重质苯馏分经蒸馏截取 160~200℃ 的古马隆-茚馏分，再经脱酚、脱吡啶后，用硫酸催化聚合，釜底产物即为固体古马隆树脂。外观为淡黄色至棕红色固体块状物。相对密度 1.05~1.10。软化点 80~90℃。不溶于水，易溶于醇、醚、酮等多数有机溶剂。

本品与橡胶有良好的相容性，是一种溶剂型增塑剂，能促进炭黑分散，改善胶料的压延、压出及黏着性等工艺性能。对于丁苯橡胶、氯丁橡胶及丁腈橡胶，本品也是一种有机补强剂。在丁苯橡胶中适量加入固体古马隆，能显著改善制品的拉伸强度和伸长率。固体古马隆能溶解硫黄，因而能使硫黄均匀分散和防止焦烧，提高硫化胶的耐老化性能和力学性能。高软化点的古马隆也是橡胶制品的补强剂。本品的缺点是对硫化胶的挠曲性能有不良影响，操作时其粉尘易黏于皮肤堵塞毛孔，形成小块黑斑。

3. 液体古马隆树脂有哪些性质及特点？

液体古马隆又称液体苯并呋喃-茚树脂。是由固体古马隆制备过程中蒸馏出的高沸点油经热聚合后再蒸馏，截去部分馏分作工业燃料油，剩余部分即为液体古马隆，外观为黄色至棕黑色黏稠液体。pH 值 6~8。恩氏黏度 300~600s。挥发分不高于 6%。水分不高于 0.3%。灰分不高于 1.0%。无机械杂质。

本品用作橡胶软化剂时，其增塑性能、增黏性能及工艺性能比固体古马隆要好，但补强性能稍差。尤适用作丁苯橡胶的增黏剂及用于丁腈橡胶增塑，也可用作橡胶的再生软化剂。

（三）松油系增塑剂

1. 松焦油有哪些性质及用途？

松焦油又称松馏油、木焦油、松明油。是由松根干馏原油和松香残渣经蒸馏制得的深褐色至黑色黏稠液体或半固体。其主要成分为松节油、松脂、邻乙基苯酚、甲酚、苯酚、愈疮木酚等，是一种组成复杂的混合物，具酸味及焦臭。按黏度不同分为多种牌号。相对密度 1.01~1.06。沸点 140~400℃。酸度（以乙酸计）不高于 0.30%。挥发分不高于 6.5%，灰分不高于 0.5%。水分不高于 0.5%。不溶于水，溶于乙醇、乙醚、丙酮、氯仿、冰乙酸及氢氧化钠溶液等。

本品可用作通用橡胶增塑剂，有促进配合剂分散、增进胶料黏性、提高橡胶制品耐寒性、低温下有迟延硫化防止焦烧的作用。松焦油对噻唑类促进剂有活化作用，也可用作再生胶的增塑剂和脱硫剂。因本品有污染性，不适于制造浅色橡胶制品。本品也用作防腐剂，制造油毡、涂料等。

2. 松香有哪些性质及用途？

松香又称熟松香、松香酸、树脂酸。是由松脂蒸馏除去松节油后的剩余物进行精制而得的淡黄色至褐红色无定形固体，常温下透明、硬脆、表面具光泽，带松节油气味。按原料来源和加工方法不同，松香可分为脂松香、木松香、浮油松香。我国生产的大多是脂松香。其主要成分是树脂酸，占总质量 85%~90%，其余约 10% 是非酸部分，包括碳氢化合物、高分子仲醇和酯。松香不溶于水，易溶于乙醇、乙醚、丙酮、苯、二氯乙烷、二硫化碳、石油醚、松节油及汽油等。70℃软化，115℃液化。沸点 250℃（0.667kPa）。闪点（开杯）215℃。相对密度 1.070~1.085。

本品可用作橡胶增塑剂，具有提高胶料黏性的作用，主要用于擦布胶及胶料中。由于松香是一种不饱和化合物，能促进胶料老化，并有迟延硫化的作用，因此在橡胶制品中不宜多用。

3. 氢化松香有哪些性质及用途？

氢化松香是松香在催化剂存在下加氢后的产物，主要成分为氢化和部分氢化的松香酯。与松香相比，色泽更浅，耐氧化性和耐热性更好，溶解性能增加，具有典型的羧基反应。相对密度 1.045（20℃）。软化点大于 76℃。闪点（开杯）203℃。燃点 232℃。折射率 1.5270。酸值 162mg KOH/g。皂化值 167mg KOH/g。不皂化物约 9%。枞酸含量为 1%~2%，脱氢枞酸含量为 10%~15%。不溶于水，溶于苯、丙酮、松节油、植物油及石油烃。

本品可用作天然橡胶及合成橡胶增塑剂、软化剂及增强剂，溶剂胶、热熔胶、压敏胶的增黏剂，也用于制造油墨、涂料、防水剂等。

4. 歧化松香与氢化松香有什么不同？

歧化松香是由松香在催化剂存在下加氢或脱氢的歧化产物，主要成分是脱氢松香酸、二氢松香酸、四氢松香酸等。外观为有玻璃光泽的透明淡黄色固体，质地硬而脆。与松香相比，歧化松香性能更稳定，不易被氧化。由于歧化反应时不涉及羧基，因此歧化松香与松香一样具有典型的羧基反应，歧化松香的软化点大于70℃。酸值大于160mg KOH/g。枞酸含量低于0.5%。脱氢枞酸含量大于50%。难溶于水，易溶于松节油、乙醇、丙酮、芳烃等有机溶剂。

本品可用作天然橡胶、丁基橡胶、丁苯橡胶、异戊橡胶、三元乙丙橡胶和聚异丁烯等的增塑剂、软化剂、增强剂，可直接加入胶料中，能稍迟延硫化，使胶料增加自黏性和提高黏合持久性。常用于医用和工业橡皮膏制品。歧化松香也用作氯丁橡胶、丁苯橡胶、丁腈橡胶等乳液聚合时的乳化剂，水溶性或水乳性压敏胶的增黏剂，大量用于制造钾皂或钠皂。

5. 萜烯树脂有哪些特性及用途？

萜烯树脂是以松节油中的萜烯为原料，在无水三氯化铝催化剂作用下经催化聚合制得的一系列树脂(从液体到软化点135℃以上)的统称。可分为聚 α-蒎烯树脂、聚 β-蒎烯树脂、聚苧烯树脂、其他萜烯聚合物或双环戊二烯共聚的树脂等。其中，常见的是聚 α-蒎烯树脂。

萜烯树脂为浅黄色至黄色固体，透明而有光泽，质较脆。相对密度0.961~0.968。软化点不低于85℃。熔点100~140℃。闪点(开杯)219℃。酸值0.4~0.7mg KOH/g。皂化值小于1mg KOH/g。水分低于0.01%。不溶于水、乙醇、甲醇、丙酮，溶于苯、甲苯、乙醚、氯仿、石油醚及松节油等有机溶剂。化学性质稳定，在空气中难氧化，耐热耐光，绝缘性好。

萜烯树脂为异戊二烯骨架结构的树脂，其结构与天然橡胶相似，与橡胶有良好的相容性。可用作天然橡胶的增塑剂、软化剂和增黏剂。在异丁烯、异戊二烯橡胶中用作填充剂，提高胶料的硬度。也能提高天然橡胶和丁苯橡胶的抗老化性能。还用于制造胶黏剂、涂料、油墨等。

6. 木浆浮油有哪些性质及用途？

木浆浮油又称妥尔油、纸浆浮油、氧化松浆油等。是以松木片为原料，在硫酸法造纸过程中所获得的黑液，经硫酸酸化后所分出的上层黑色油状黏稠物。主要由树脂酸、脂肪酸和一些不皂化物组成。其中树脂酸占40%~60%，脂肪酸占30%~60%，不皂化物占5%~10%。在脂肪酸组分中主要是油、亚油酸、亚麻酸，还含少量硬脂酸和棕榈酸。在树脂酸组分中主要是松香酸、焦松香酸和右旋海松酸。不皂化组分中主要是碳氢化合物、高碳醇和甾醇。酸值不低于145mg KOH/g。不皂化物含量不高于10%。恩氏黏度400~600s(85℃、100mL)。不溶于水，溶于芳烃、矿物油及植物油。

本品是优良的橡胶再生增塑剂及软化剂。其软化效果与松焦油相似，可使制得的再生胶柔软、光滑并具有一定黏性。适用于水油法和油状法再生胶生产，使制品具有可塑性和较高的拉伸强度，而且其特点是热料软、冷料硬，配合剂易均匀分散。木浆浮油也用于制造涂料、胶黏剂等。

7. 樟脑能用作增塑剂吗？

樟脑又名 2-茨酮、1,7,7-三甲基双环[2,2,1]-2-庚酮。化学式 $C_{10}H_{16}O$。结构式：

$$
\begin{array}{c}
CH_3 \\
| \\
C \\
\diagup \quad \diagdown \\
H_2C \quad H_3C-C-CH_3 \quad C=O \\
| \\
H_2C \qquad CH_2 \\
\diagdown \quad \diagup \\
C \\
H
\end{array}
$$

樟脑可分为天然樟脑和合成樟脑。天然樟脑为右旋体，是以樟树的叶、枝丫、木片为原料，采用水蒸气蒸馏、分离、精制而制得；合成樟脑是以松节油为原料，将其中的蒎烯经异构化为茨烯，然后与乙酸酯化生产乙酸异龙脑酯，再经皂化、脱氧、蒸馏、精制得到樟脑。

樟脑为白色或无色粒状、针状、粉状晶体，具有黏性，有强烈芳香味，并有阴凉感，易升华。相对密度 0.992(25℃)。沸点 204℃。熔点 178℃。闪点 64℃。难溶于水，易溶于乙醇、乙醚、丙酮、芳烃、乙酸、汽油等溶剂。可燃。

樟脑用途很广，主要用于医药及日用化工。樟脑与各种纤维素醚和纤维素酯有良好的相容性，是制造热塑性塑料赛璐珞的主要增塑剂。也可用作聚氯乙烯、硝酸纤维素等的增塑剂，增塑的聚氯乙烯制品透明、柔软，用其制造的纤维素漆膜光泽性好。樟脑也大量用于制造照相软片及用作无烟火药的稳定剂。

（四）植物油系增塑剂

1. 硫化植物油有哪些性质及用途？

硫化植物油又称黑油膏、热法油膏、硫化油。是由不饱和植物油（如亚麻仁油、菜籽油）加热至150℃，在搅拌下加入一定量硫黄后，升温至约160℃进行硫化，再经凝胶、压实、切块而制得的棕褐色非热塑性固体。相对密度1.06~1.20。游离硫不大于1.0%。丙酮抽出物15%~30%。灰分不大于0.5%。加热减量不大于0.5%。不溶于水，溶于芳烃溶剂，但较难溶解。有轻微污染性。

硫化植物油可用作天然橡胶及合成橡胶的增塑剂，能促进填充剂在胶料中快速分散，使胶料收缩小、表面光滑、挺性大，有助于压延、压出和注压操作，还能减少硫黄从胶料中喷出，并具有良好的耐臭氧龟裂、耐日光和电绝缘性。本品也能促进丁苯橡胶硫化，可减少促进剂用量，也能用作氯丁橡胶的填充剂。因本品含有游离硫黄，配用时应适当减少硫黄用量，而且由于本品易皂化，不能用于耐碱和耐油的橡胶制品。通常用于制造海绵鞋底和蓄电池隔板等，也可用作橡胶助发泡剂，但耐老化性不好。

2. 氯化硫化植物油有哪些性质及用途？

氯化硫化植物油又称冷法油膏、白油膏。是由不饱和植物油(菜籽油或蓖麻油)和矿物油为原料，加热后与碳酸钙混合。然后，在搅拌下加入一氯化硫进行硫化，最后经粉碎制得白色蓬松状海绵体。为不饱和植物油与一氯化硫反应的产物。相对密度 1.0～1.36。游离态硫不大于 0.5%，灰分不大于 40%，水分不大于 3%，汽油抽出物不大于 30%。不溶于水。

本品主要用作橡胶加工增塑剂，其作用与硫化植物油相似，有助于橡胶制品在成型加工时的压延和压出。也用作橡胶填充剂。由于本品对硫化胶的物理机械性能降低较大，故不宜多用。一般用于浅色橡胶制品，含灰分 40%的产品主要用于擦字橡皮中。

3. 甘油能用作增塑剂吗？

甘油又称丙三醇，是一种无色有甜味的黏稠液体。相对密度 1.2413。熔点 18.18℃。沸点 290℃(分解)。折射率 1.4746。吸水性很强，能从空气中吸收水分。纯甘油的黏度为水黏度的 777 倍，50%甘油水溶液的黏度为水黏度的 5.41 倍。它可以任何比例与水、甲醇、苯胺相混合，溶于丙酮、乙醇及乙醚的混合液，不溶于汽油、苯、氯仿、二硫化碳及油脂。是许多有机化合物、无机盐和重金属皂的优良溶剂，甘油分为天然甘油和化学合成甘油。天然甘油约有 40%来自制皂副产，50%多来自脂肪酸生产的副产。甘油是重要的化工原料，广泛用于生产油漆、医药、食品、牙膏、绝缘材料及许多化工产品。

甘油可用作低硬度橡胶制品的增塑剂和软化剂，也用作糕点、糖果、肉类制品的增塑剂。甘油也用作模塑制品的隔离剂，以及涂于水胎上作润滑剂和防止水胎龟裂。

4. 蓖麻油有哪些性质及用途？

蓖麻油又称蓖麻籽油。是由蓖麻籽所得的非干性油。构成蓖麻油脂肪酸的主要组成是蓖麻油酸、油酸、亚油酸、硬脂酸等，非甘油酯成分有三萜烯、甾醇、生育酚等。相对密度 0.945～0.965。凝固点 -10～-18℃。折射率 1.473～1.477。闪点 229.4℃。燃点 448.9℃。皂化值 176～185mg KOH/g。羟值大于 152mg KOH/g。碘值 83～90g I_2/100g。不溶于水，溶于乙醇、苯、氯仿、二硫化碳等有机溶剂。

蓖麻油是重要化工原料，也大量用作润滑油、液压油、电绝缘油等。脱水蓖麻油可用于油漆工业。蓖麻油可用作橡胶的耐寒性增塑剂，但因其含有羟基，一般不常用。而以蓖麻油为原料制得的蓖麻油酸甲酯、蓖麻油酸丁酯等蓖麻油酸酯类增塑剂则是优良的低温增塑剂。

附　　录

缩写	英文名	中文名
ASE	alkylsulfonic acid ester	烷基磺酸酯
BBP	butylbenzyl phthalate	邻苯二甲酸丁苄酯
BOA	benzyloctyl adipate	己二酸苄辛酯
BOP	benzyloctyl phthalate	邻苯二甲酸苄辛酯
BOP	butyloctyl phthalate	邻苯二甲酸丁辛酯
DBP	dibenzyl phthalate	邻苯二甲酸二苄酯
DBP	dibutyl phthalate	邻苯二甲酸二丁酯
DBS	dibutyl sebacate	癸二酸二丁酯
DBZS	dibenzyl sebacate	癸二酸二苄酯
DCHP	dicyclohexyl phthalate	邻苯二甲酸二环己酯
DCP	dicapryl phthalate	邻苯二甲酸二仲辛酯
DDP	di-decyl phthalate	邻苯二甲酸二癸酯
DEP	diethyl phthalate	邻苯二甲酸二乙酯
DHP	diheptyl phthalate	邻苯二甲酸二庚酯
DHP	dihexyl phthalate	邻苯二甲酸二己酯
DHXP	dihexyl phthalate	邻苯二甲酸二乙酯
DIBP	diisobutyl phthalate	邻苯二甲酸二异丁酯
DIDA	di-isodecyl adipate	己二酸二异癸酯
DIDP	di-isodecyl phthatlate	邻苯二甲酸二异癸酯
DIHP	diisohexyl phthalate	邻苯二甲酸二异乙酯
DINA	diisononyl adipate	己二酸二异壬酯
DINP	diisononyl sebacate	癸二酸二异壬酯
DIOA	diisononyl adipate	己二酸二异辛酯
DIOP	diisooctyl phthalate	邻苯二甲酸二异辛酯
DIPP	diisopentyl phthalate	邻苯二甲酸二异戊酯
DMP	dimethyl phthalate	邻苯二甲酸二甲酯
DNDA	di-n-decyl adipate	己二酸二正癸酯
DNODA	di-n-octyl n-decyl) adipate	己二酸二正辛癸酯
DNODP	di-(n-octyl, n-decyl) phthalate	邻苯二甲酸正辛正癸酯

缩写	英文名	中文名
DNOP	di-n-octyl phthalate	邻苯二甲酸二正辛酯
DNP	dinonyl phthalate	邻苯二甲酸二壬酯
DOA	dioctyl adipate	己二酸二辛酯
DOA	dioctyl azeleat	壬二酸二辛酯
DOIP	dioctyl isophthalate	间苯二甲酸二辛酯
DOP	dioctyl phthalate	邻苯二甲酸二辛酯
DOS	dioctyl sebacate	癸二酸二辛酯
DOM	dioctyl maleate	马来酸二辛酯
DOTP	dioctyl terephthalate	对苯二甲酸二辛酯
DOTP	dioctyl tetrahydrophthalate	四氢化邻苯二甲酸二辛酯
DOZ	dioctyl azeleate	壬二酸二辛酯
DTDP	ditridecyl phthalate	邻苯二甲酸二(十三)酯
EHP	di(2-ethyl hexyl)phthalate	邻苯二甲酸二(2-乙基己基)酯
ELO	epoxidised linseed oil	环氧化亚麻籽油
ESBO	epoxidised soyabean oil	环氧大豆油
ESO	epoxidised soyabean oil	环氧大豆油
ODA	octyldecyl adipate	己二酸辛癸酯
ODP	octyldecyl phthalaate	邻苯二甲酸辛癸酯
OTDP	octyltridecyl phthalate	邻苯二甲酸辛十三酯
SAIB	sucrose acetate isobutyrate	乙酰蔗糖异丁酸酯
TBP	tributyl phosphate	磷酸三丁酯
TBTM	tributyl trimellitate	偏苯三酸三丁酯
TCP	tricresyl phosphate	磷酸三甲苯酯
TCTM	tricapryl trimellitate	偏苯三酸三仲辛酯
TEP	triethyl phosphate	磷酸三乙酯
THTM	trihexyl trimellitate	偏苯三酸三己酯
TIOTM	triisooctyl trimellitate	偏苯三酸三异辛酯
TMP	trimethyl phosphate	磷酸三甲酯
TNHP	tri-n-hexyl phosphate	磷酸三己酯
TNODTM	tri(n-octyl),(n-decy) trimellitate	偏苯三酸三辛癸酯
TNOTM	tri-n-octyl trimellitate	偏苯三酸三辛酯
TNPP	trinonylphenyl phosphate	磷酸三(壬基苯酯)
TOP	trioctyl phosphate	磷酸三辛酯
TOTM	trioctyl trimellitate	偏苯三酸三辛酯
TPP	triphenyl phosphate	磷酸三苯酯
TXP	trixylyl phosphate	磷酸三(二甲苯酯)

附录二　常用可增塑聚合物缩写

缩写	中文名	缩写	中文名
ABS	丙烯腈-丁二烯-苯乙烯共聚物	LDPE	低密度聚乙烯
ACM	丙烯酸乙酯-2-氯乙基乙烯醚橡胶	LLDPE	线型低密度聚乙烯
ACR	甲基丙烯酸甲酯共聚物	MBS	甲基丙烯酸酯-丁二烯-苯乙烯三元共聚物
ACS	丙烯腈-氯乙烯—苯乙烯共聚物	MMA	甲基丙烯酸甲酯
ANM	丙烯酸乙酯-丙烯腈橡胶	MMA-BMA	甲基丙烯酸甲酯-甲基丙烯酸丁酯共聚物
ASA	丙烯腈-苯乙烯-丙烯酸乙酯三元共聚物	MMB	甲基丙烯酸甲酯-丁二烯共聚物
AS resin	AS 树脂(丙烯腈-苯乙烯共聚物)	NBR	丁腈橡胶
BD/AN	丁腈橡胶	NC	硝酸纤维素
BR	丁二烯橡胶	NR	天然橡胶
B/S	丁苯橡胶	PA	聚酰胺
CA	乙酸纤维素	PAE	PAE 树脂、聚酰胺环氧氯丙烷树脂
CAB	乙酸丁酸纤维素	PAN	聚丙烯腈
CAP	乙酸丙酸纤维素	PAR	聚芳酯
CBR	顺(式-聚)丁二烯橡胶	PB	聚丁烯
CN	硝酸纤维素	PBT	聚对苯二甲酸丁二醇酯
CPE	氯化聚乙烯	PC	聚碳酸酯
CR	氯丁橡胶	PCTFE	聚三氟氯乙烯
CSPE	氯磺化聚乙烯	PE	聚乙烯
EC	乙基纤维素	PEEK	聚醚醚酮
EEA	乙烯-丙烯酸乙酯共聚物	PES	聚醚砜
EP	环氧树脂	PET	聚对苯二甲酸乙二醇酯
EPDM	三元乙丙橡胶	PF	酚醛树脂
EPM	二元乙丙橡胶	PGA	聚乙烯醇酸树脂
EPR	乙丙橡胶	PIB	聚异丁烯
EVA	乙烯-乙酸乙烯酯共聚物	PLA	聚乳酸
HDPE	高密度聚乙烯	PMA	聚甲基丙烯酸甲酯
HIPS	高冲击强度聚苯乙烯	PMMA	聚甲基丙烯酸甲酯
HIPVC	高冲击聚氯乙烯	PO	聚烯烃
HPVC	硬质聚氯乙烯	POM	聚甲醛
IIR	丁基橡胶	PP	聚丙烯

缩写	中文名	缩写	中文名
PPO	聚苯醚	PVF	聚乙烯醇缩甲醛
PPS	聚苯硫醚	PVMA	聚甲基丙烯酸乙烯酯
PPY	聚吡咯(树脂)	SBP	苯乙烯-丁二烯塑料
PS	聚苯乙烯	SBR	丁苯橡胶
PSF	聚砜	SBS	苯乙烯-丁二烯-苯乙烯嵌段共聚物
PSU	聚亚苯基砜	SEBS	苯乙烯-乙烯/丁烯-苯乙烯三嵌段聚合物
PTE	聚硫橡胶	SIBR	苯乙烯-异戊二烯-丁二烯橡胶
PTFE	聚四氟乙烯	SMA	苯乙烯-丙烯酸甲酯共聚物
PU	聚氨酯	SMMA	苯乙烯-甲基丙烯酸甲酯
PUP	聚氨酯橡胶	SPVC	软质聚氯乙烯
PVA	聚乙烯醇	TA	三乙酸纤维素
PVAc	聚乙酸乙烯酯	TPU	热塑性聚氨酯(弹性体)
PVB	聚乙烯醇缩丁醛	TPVC	热塑性聚氯乙烯
PVC	聚氯乙烯	UF	脲醛树脂
PVCAc	氯乙烯乙酸乙烯酯共聚物	UFR	硫脲-甲醛树脂
PVCC	氯化聚氯乙烯	UP	不饱和聚酯
PVC-M	聚氯乙烯共聚物	VAc-AE	乙酸乙烯酯-丙烯酸酯共聚物
PVCP	聚氯乙烯糊	VAE	乙烯-乙酸乙烯酯共聚物
PVCR	聚氯乙烯树脂	VCA	氯乙烯-乙酸乙烯酯共聚物
PVDC	聚偏(二)氯乙烯		

参考文献

[1] 丁学杰，万岩雄．塑料助剂生产技术与应用[M]．广州：广东科技出版社，1995.
[2] 吕世光．塑料助剂手册[M]．北京：中国轻工业出版社，1993.
[3] 石万聪，石志博，蒋平平．增塑剂及其应用[M]．北京：化学工业出版社，2002.
[4] 朱洪法，朱玉霞．工业助剂手册[M]．北京：金盾出版社，2007.
[5] 石万聪，司俊杰，刘文国．增塑剂实用手册[M]．北京：化学工业出版社，2009.
[6] 吕世光．塑料橡胶助剂手册[M]．北京：中国轻工业出版社，1997.
[7] 朱洪法．精细化工原材料手册[M]．北京：石油工业出版社，2017.
[8] 陈宇，王朝晖，郑德．实用塑料助剂手册[M]．北京：化学工业出版社，2007.
[9] 邴涓林，黄志明．聚氯乙烯工艺技术[M]．北京：化学工业出版社，2008.
[10] 郑石子，颜才南，胡志宏，等．聚氯乙烯生产与操作[M]．北京：化学工业出版社，2008.
[11] 根赫特·R，米勒·H．塑料添加剂手册[M]．成国祥，等译．北京：化学工业出版社，2000.
[12] 肖卫东，何本桥，何培新，等．聚合物材料用化学助剂[M]．北京：化学工业出版社，2003.
[13] 刘安华，游长江．橡胶助剂[M]．北京：化学工业出版社，2012.
[14] 中国化工学会橡胶专业委员会．橡胶助剂手册[M]．北京：化学工业出版社，2000.
[15] 龚浏澄，郑德，李杰．聚氯乙烯塑料助剂与配方设计技术[M]．北京：中国石化出版社，2006.
[16]《合成树脂及塑料技术全书》编委会．合成树脂及塑料技术全书[M]．北京：中国石化出版社，2006.
[17] 朱洪法．催化剂手册[M]．北京：石油工业出版社，2020.
[18] 中国石油化工与销售分公司．中国石油化工产品生产工艺及加工应用[M]．北京：石油工业出版社，2007.
[19] 中国石化股份有限公司炼油事业部．中国石油化工产品大全[M]．北京：中国石化出版社，2002.
[20] 周学良．橡塑助剂[M]．北京：化学工业出版社，2002.
[21] 夏晓明，宋之聪．功能助剂[M]．北京：化学工业出版社，2004.
[22] 安秋凤，黄良仙．橡塑加工助剂[M]．北京：化学工业出版社，2004.
[23] 李子东，等．胶黏剂助剂[M]．北京：化学工业出版社，2005.
[24] 杨玉昆，吕凤亭．压敏胶制品技术手册[M]．北京：化学工业出版社，2004.
[25] 廖克俭，戴跃玲，丛玉凤．石油化工分析[M]．北京：化学工业出版社，2005.
[26] 朱洪法，刘丽芝．石油化工催化剂基础知识．3版．北京：中国石化出版社，2021.